时食物
四素格

非遗烹饪技艺传承与创新

主　编　吕新河　王艳玲

副主编　张荣春　吕　慧　韩琳琳

U0172574

参　编（按姓氏笔画排序）

王　悦	王　飚	方　越	石　峰	史红根	付德骏	代宏伟	包永祥
朱星桐	向　芳	孙迁清	孙学武	花惠生	李　沂	李　舰	杨志勇
吴佑文	宋　晨	张　龙	张　恒	张传洲	张宏亮	陆　飞	陆少凤
陈婷婷	周志贵	单立强	胡杏春	胡啸松	祝海珍	袁朝新	夏万峰
顾晓华	高志斌	郭小粉	陶宗虎	龚庭平	梁小勇	葛　力	葛石钧
蒋云翀	韩　飞	韩小宾	傅燕平	解　莉	端尧生	薛培沛	

华中科技大学出版社
http://press.hust.edu.cn

中国·武汉

图书在版编目（CIP）数据

四时素食格物:非遗烹饪技艺传承与创新/吕新河,王艳玲主编. —武汉:华中科技大学出版社,2023.8
ISBN 978-7-5680-9882-3

Ⅰ.①四… Ⅱ.①吕… ②王… Ⅲ.①素菜-烹饪-中国 Ⅳ.①TS972.123

中国国家版本馆CIP数据核字(2023)第150714号

四时素食格物——非遗烹饪技艺传承与创新　　　　　　吕新河　　王艳玲　主编
Si Shi Sushi Gewu——Feiyi Pengren Jiyi Chuancheng yu Chuangxin

策划编辑：汪飒婷
责任编辑：汪飒婷
封面设计：金　金
责任校对：朱　霞
责任监印：周治超
出版发行：华中科技大学出版社（中国·武汉）　　电话：（027）81321913
　　　　　武汉市东湖新技术开发区华工科技园　邮编：430223
录　　排：华中科技大学惠友文印中心
印　　刷：湖北金港彩印有限公司
开　　本：787mm×1092mm　1/16
印　　张：15.25
字　　数：390千字
版　　次：2023年8月第1版第1次印刷
定　　价：88.00元

序 ①
PREFACE

　　中国素食历史悠久，独树一帜，风格别致，自成体系，是华夏食林中的重要组成部分。在我国丰富多彩的各色菜系中，素食以素净清鲜见长。近年来，社会上吃素成风，青少年以增加营养促进身体全面生长为由，年轻人以减肥塑身为由，中年人以预防疾病为由，老年人则以健康长寿为由，素食以不可阻挡的速度占领了我们的餐桌，在人们日常饮食中占据着越来越重要的地位。素食在某种程度上意味着健康，意味着一种全新的生活方式。

　　四时节气是老祖宗流传下来的智慧结晶，人们在不间断的生产生活实践中逐渐发现春生、夏长、秋收、冬藏的规律不仅适用于农业的生产过程，适用于动植物的生长作息，也深刻地影响着我们的饮食。农谚有云，"正月葱、二月韭、三月苋、四月蕹、五月匏、六月瓜、七月笋、八月芋、九芥蓝、十芹菜、十一蒜、十二白（指白菜）"，"不时不食"，依据四季变化和节气更替来变换餐桌上的食物是中国人自古以来的饮食主旋律。

　　南京曾经是中国饮食文化史上素食文化圈的核心，　以南京为代表的江南地区素食制作技艺（绿柳居素食烹制技艺）于2021年被列入第五批国家级非物质文化遗产代表性项目名录扩展项目名录，2022年中国非物质文化遗产（简称非遗）传承人研修培训计划——素食烹制技艺与旅游美食品牌研发非遗传承人培训项目在南京旅游职业学院成功举办。本书作为项目成果之一，如今出版成册具有特殊的意义。

　　在所有人的印象中，素食似乎是淡薄如水、了无滋味的，烹饪方法更是单调无趣。本书就要破除大家对素食的既有印象，让大家深深感受到素食也可以是兼顾清爽与丰富、健康与美味、时尚与雅韵的佳肴。在现代社会，久居都市的人们越来越难以感受细微的季节变化。本书依据四季变化，将古老的二十四节气的历法与相应的时令食材引入餐桌设计，每道菜肴注入了饮食文化的内涵与节气习俗的理念，烹饪原料虽普通，但各非遗传承人拥有丰富的烹饪经验，他们巧妙运用各式料理手法，充分发挥食材特性，将平凡无奇的蔬果等素材化为一道道令人惊喜的诱人佳肴，菜色变化多端，口感层次多样，营养成分全面，审美情趣独特，一菜一格，一菜一味。

明代高濂《遵生八笺》之语云："饮食，活人之大本也。是以一身之中，阴阳运用，五行相生，莫不由饮食。"饮食活动是一项综合性活动，既有视觉、嗅觉、味觉等感官上的体验，又有心理和精神上的享受。饮食类非物质文化遗产是中华优秀传统文化的重要组成部分，是旅游的重要资源，是与现代人们生活息息相关的重要内容。如何挖掘饮食类非物质文化遗产的丰厚内涵，如何加强对传统历法、节气和饮食、医药等的研究阐释、活态利用，使其有益的文化价值深深嵌入百姓生活，推动中华优秀传统文化创新性转化和创新性发展，让广大民众体会中国人顺应时节、尊重自然、利用自然的思想理念和独特智慧，讲好中华优秀传统文化故事，这项工作任重而道远。

本书不仅为餐旅工作者所必需，而且对民俗、营养、美学等学科也是一份有益的贡献，对一般美食爱好者来说亦是一部有价值的好书。在浮躁的社会环境中，让我们顺应节气，享受素食的美味与健康，感知大自然带给我们的礼物，感受生活的本源味道！

邵万宽

中华餐饮文化大师、教授

序 ②
PREFACE

　　素食烹制技艺源于寺庙素食、宫廷素食和民间素食，以历代厨师口传亲授为传承方式，以蔬菜、菌类和豆制品为主要原材料，是绿色健康烹饪技艺的独特代表。其流行于长江中下游广大区域，兴盛百年。素食的烹饪方法与荤菜基本相仿，但在具体操作过程中，又有其独到之处。烹制技艺采用包、搓、揉、卷、摄、贴等手工技法，以及炒、炸、烧、烤、蒸、煮、拌、熏、焓等多种熟制方法，用全素原料吊出红、白两种鲜汤，所制素食菜点具有鲜、嫩、烫、脆、香的特点。

　　我们以中国二十四节气为灵感，设计出适合春、夏、秋、冬四季的养生素食菜肴。菜肴由素食烹制技艺与旅游美食品牌研发非遗传承人培训项目的学员、授课专家制作。省级非遗传承人张志军也是素食制作技艺（绿柳居素食烹制技艺）、国家级非遗传承人，他精心指导素食菜品制作与设计，体现了非物质文化遗产技艺传承的持续发展。

　　素食制作技艺的基本特征体现在采用素食"荤"做的技法。民间膳食讲究荤素搭配，而释家僧俗不赞混淆，民众中也有常年吃素者，更不用说纯素食宴席只有素而无荤。为图"荤素搭配"，素食制作者们便想出了"素食'荤'做"的办法，如素雪花肥牛、赛人参素燕窝、素东坡肉、薄荷卷饼脆鳝、鲍汁素海参等，有的形似，有的味似，惟妙惟肖，风格独特。素菜以鲜干蔬菜、豆类制品、菇类、酱制品、小麦淀粉制品、杂粮类制品、根茎制品等为原料，采用科学的烹饪加工方法，采用以软配软、以脆配柔、以韧配滑等组配方法，制作出美味菜肴。素食适应人民群众茹素的需求，特别是服务于一些常年坚持素食的人群。时至当代，民众为养生保健，更加重视素食，对素食制作技艺提出了更高、更新、更为广泛的要求，这也促进了该项制作技艺的发展和繁盛。

　　素食制作技艺是中国菜肴制作技艺中一个重要的组成部分，非物质文化遗产素食技艺的传承，源于生活而高于生活，为一般"烹饪工作者"所不及，其严格的工艺流程、丰富的想象力和创造力，都为当代烹饪技艺的可持续发展提供了借鉴。

现代社会，人们的饮食越来越注重遵循绿色、生态、健康的养生之道，这与绿色设计追求绿色、生态、环保的宗旨不谋而合。养生保健成为老百姓最为关注的话题，荤素搭配成为时尚，素食制作技艺具有广阔的发展前景。素食因为符合绿色、生态、养生的理念而受到人们的追捧。

江苏省烹饪协会副会长、中国烹饪大师

前言
PREFACE

　　非物质文化遗产是中华传统文化的重要组成部分，积淀着中华民族最深沉的精神追求，包含着中华民族根本的精神基因，更是中华民族生生不息、发展壮大的文化滋养。中国非物质文化遗产传承人研修培训，是非物质文化遗产（后简称"非遗"）保护事业的一项基础性、战略性工作，旨在帮助非遗传承人强基础、拓眼界、增学养，增强文化自信，提高专业技术能力和可持续发展能力，提升非遗保护、传承水平，是当代中国非遗保护与发展的创新举措。

　　习近平总书记指出："善于继承才能善于创新"。党的二十大报告为非遗文化传承与传播指明了方向，提供了重要遵循。为落实党的二十大精神，加强文化遗产保护、传承，推动中华优秀传统文化创造性转化、创新性发展的要求，南京旅游职业学院作为中华人民共和国文化和旅游部（后简称"文化和旅游部"）非遗研修培训项目首批试点高校之一，受文化和旅游部非物质文化遗产司委托，在江苏省文化和旅游厅直接管理和指导下，积极承担非遗培训工作，成功举办中国非物质文化遗产传承人研修培训计划——素食烹制技艺与旅游美食品牌研发非遗传承人培训项目，为非遗烹饪技艺传承与创新培训了中青年领军人才。

　　素食文化深深扎根于中华悠久的养生文化中，倡导素食营养的健康理念，是根据现代人的饮食习惯和健康需求，将传统与科技相结合的新风尚。以绿柳居为代表的素食烹制技艺是江南地区素食制作传统技艺，它集民间、寺庙、宫廷素食烹制技艺于一体。2021年，该项目列入第五批国家级非物质文化遗产代表性项目名录扩展项目名录。近年来在现代市场经济环境中，掌握素食烹制技艺的人才稀缺、"老字号"店不再具有竞争力等因素已严重影响素食烹制技艺的传承，使素食制作技艺（绿柳居素食制作技艺）这一传统技艺失去活力。因此，在国家大力倡导保护好中华优秀传统文化的今天，传统名菜亟需加大传承力度、做好守正创新。

　　古人常说：融雪煎香茗，调酥煮乳糜。中国人讲究"不时不食"，春吃芽、夏吃瓜、秋食果、冬食根，新故相推，日生不滞。《四时素食格物——非遗烹饪技艺传承与创新》依托于中国非物质文化遗产传承人研修培训计划——素食烹制技艺与旅游美食品牌研发非遗传承人培训项目，围绕非遗通识、素食文化、素食菜肴传承与创新、养生等，以四时与食俗工艺为主线，按照春、夏、秋、冬四季划分为四个模块，针对性设计110余道素食创新菜肴，配套精美高清图片，并赋予营养分析和文化渲染，打开素食美食创作的大门。

素食制作技法可归为三大类：一为"卷制技法"，即用油皮包馅卷紧，以淀粉勾芡，再烧制而成。名品有素鸡、四色素烧鹅、滋味素肉松、双味素刀鱼、素火腿、橙香浇汁素牛肉等；二是"卤制技法"，以面筋、香菇为主料制成，有素菜什锦、香菇面筋、发财罗汉斋、甜豆糟卤牛肝菌等；三是"炸制技法"，过油煎炸而成，有花鼓荠菜卷、香炸什锦豆腐包、熘素肥肠、素锅贴干贝、熘素黄鱼等。

品香茗、尝素食，愿广大烹饪技艺研习者可借由本书体会白居易笔下那份"慵馋还自哂，快活亦谁知"的闲适感受，为传承烹饪技艺、创新美食贡献力量。

编　者

目录

春俗入馔

NTENT

夏俗入馐

秋俗入肴

冬俗入膳

中国自古以来是以农耕文明为主体的国度，智慧的中国人对自然界时令、气候、物候的变化认知非常深刻。早在周代，就已测定了夏至、冬至、春分、秋分四个节气，到西汉时期《淮南子》则首次完整地记述了二十四节气，2016年"二十四节气"被列入联合国教科文组织人类非物质文化遗产代表作名录。

　　节气和饮食之间本来就存在极为清楚的联系，食物的生长有很强的季节性，人们通过饮食可以感知时间的推移和季节的交替。中国人饮食的最大特点就是四季分明、不时不食，即所谓的"春吃芽，夏吃瓜，秋吃果，冬吃根"，这在素食饮食观念中体现得尤其明显。

　　新的季节，有新的气象，有新的食物，更有新的希望。

　　春生、夏长、秋收、冬藏。春季是一年之始，春应肝而养生，春季应多食绿色蔬菜以提升阳气，如大葱、香菜、韭菜、荠菜、芹菜等，多吃生发性食物芽菜，如豆芽、香椿芽、姜芽等。

　　立春之日迎春的习俗已有三千多年历史，是被人们极其看重的。是日，南、北方均有"咬春"来迎春的习俗，即吃春卷、吃春饼、吃五辛盘、吃生菜等。立春以后，阴消阳长，五辛盘以辛温食物即葱、蒜、韭菜、茼蒿、芥菜之类，发散藏伏之气，辛又同"新"，寓意着新的开始。各地流行的春卷更是皮薄酥脆、鲜香美味，清代有人称赞"调羹汤饼佐春色，春到人间一卷之。"

　　天气回暖，雨水逐渐增多，绵绵细雨，润泽万物，有丰收之兆。杏花带雨卖花声，雨水养生正当时。雨水节气宜食用五谷之芽而得春季的天地之精气，如麦芽、谷芽、豆芽等。"夜雨剪春韭，新炊间黄粱。"韭菜则为百菜之王，"春三月食之，苟疾不昌，筋骨益强。"

春俗入馔

水饺叫"龙耳"

面条叫"龙须" 水饺叫"龙耳"

　　"万物出乎震，震为雷，故曰惊蛰。"惊蛰响雷兆丰年，春雷响，万物长。二月二龙抬头，人们喜欢吃一些以"龙"命名的食物，如面条称"龙须"，水饺叫"龙耳"，馄饨为"龙眼"，米饭叫"龙子"，以此来纪念大旱中因悯农降雨而被惩罚压在山下的天龙。

馄饨为"龙眼"

　　桃红李白迎春黄，紫荆雪梨笑凤仙，自然界进入草长莺飞的时节，人们也迎来了最美丽的节日——花朝节。春分前后各类时令蔬菜上市，荠菜、马兰头、蒿菜、蒲公英、蕨菜等也成为人们餐桌上的一道道时鲜小菜，南京人有"七头一脑"的食俗，即荠菜头、马兰头、香椿头、枸杞头、苜蓿头、小蒜头、豌豆头和菊花脑，每一口都是春意盎然。人们不仅要吃春菜，还要蒸百花糕、食撑腰糕、喝春汤。春汤灌肠，洗涤肝脏，阖家老小，平安健康。

　　春和景明，"万物生长此时，皆清洁而明净。"融上巳节和寒食节为一体的清明节，拥有怀旧悼亡和求新护生两个主题，故而人们既扫墓又踏青娱乐。南方的青团是这个时节最具有特色的食品。江南人吃青团，挑荠菜做馄饨。闽东各地无论城乡，大多有吃芥菜的食俗。北方人则食用大麦粥、冷面、子推馍等。清明前后我国很多地方还有吃莴笋的习俗。

　　泡桐花开，牡丹吐蕊，布谷催耕，蚕门紧闭，一派谷雨时节的景象。"清明争插河西柳，谷雨初来阳羡茶"，不论是阳羡紫笋茶，还是碧螺春，抑或是龙井，谷雨都是采茶喝茶的好时节。另外，谷雨节气历来还有"食椿"的饮食习俗，又叫作"食春"。

　　繁花盛开是春的特色，在古人的食谱中梅花、桃花、玉兰花、牡丹花均可以入馔，或入茶，或拖面油煎做饼，或煮粥做酱，这些都带有春的气息与味道。

灌汤素鱼圆

营养指南

时至惊蛰，阳气上升、气温回暖、春雷乍动、雨水增多，此时应多食用富含维生素的各类食材，本道菜肴中含有丰富的食材，尤其适合仲春时节食用。胡萝卜中含有的β-胡萝卜素和维生素A，是脂溶性维生素的优质来源；春季多吃豆制品和春笋不仅有预防大便干燥的作用，还有补水的作用，对于促进新陈代谢有好处。

食材选择

主料：绿豆淀粉60克。
辅料：胡萝卜汁80克，琼脂50克，黄豆芽500克，春笋500克，牛奶50克，香椿苗5克等。
调料：盐5克，味精5克，生姜20克，葱20克。

技术关键

（1）掌握好绿豆淀粉与水的比例，即1:5,搅拌时温度控制在60℃。
（2）控制好胡萝卜汁与琼脂的比例。

主要工艺流程

（1）将绿豆淀粉倒入水中，搅拌均匀,温度控制在60℃,用力搅拌均匀上劲，使呈现透明状，待用。
（2）将胡萝卜汁加入琼脂中，放入冰箱中冷冻后,改刀成小方形块。黄豆芽和春笋熬制素清汤待用。
（3）透明状糊趁热挤圆，放入小方形块的胡萝卜汁，在冷水中煮沸。
（4）将素鱼圆放入素清汤中，加入香椿苗即可。

菜品特色

鱼圆洁白似玉，汤汁清澈、质地软嫩。

千岛水果气泡虾

营养指南

　　中医认为，春季应养肝，但若肝气太旺盛，会伤脾。春季要注意多食甜，如蜂蜜、山药、韭菜、菠菜等，少食酸以养脾。山药作为药食两用的食材，具有很好的补益作用，不仅具有补肺气的作用，还能够起到健脾益肾的作用，经常食用能够更好地促进身体强健。

食材选择

主料：山药150克。

辅料：土豆50克，胡萝卜100克，千岛汁50克及各种水果等。

调料：盐10克，面粉10克，超级生粉80克，蛋清100克，油110克，水20克，泡打粉2.5克等。

技术关键

（1）调制气泡糊的配方准确，才可以发成气泡。

（2）油温控制在180℃，不能过低以免影响发起。

主要工艺流程

（1）山药、胡萝卜上蒸笼蒸20分钟，沥干水分后放入少许盐、白胡椒粉、料酒，抓拌均匀做成虾形。

（2）将面粉10克、超级生粉80克、蛋清100克、油110克、水20克、泡打粉2.5克调好用作气泡虾的面糊。把所有用料放在一起，顺时针搅拌上劲即可，然后放一边静置5分钟。

（3）锅烧热倒入油烧至180℃，放入挂好糊的素虾，不时用勺子舀热油浇在虾上面，这样炸制得更均匀。炸的时候最好一个一个地放，这样不会粘连在一起，炸至定型变色、外脆里嫩即可捞出，放在水果上挤上千岛汁即可。

菜品特色

外脆里嫩、气泡均匀、多种水果。

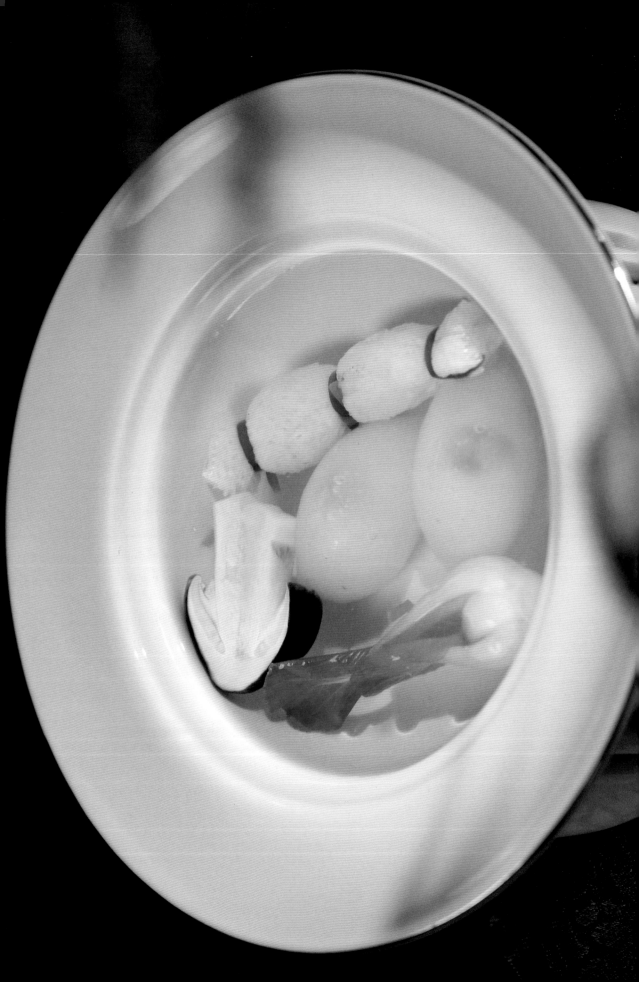

松茸竹荪炖鸽蛋

营养指南

　　春季阳气始生，气血渐趋于表，毛孔初开，血气稍减，宜食辛甘发散之品。松茸竹荪炖鸽蛋清淡可口，独具春季养生之特点。松茸、竹荪中除富含蛋白质、膳食纤维和碳水化合物外，还含有非常丰富的维生素及钙、铁等矿物质，且易于被机体消化和吸收，具有提高机体免疫力的功效。

食材选择

主料：绿豆淀粉60克。

辅料：松茸80克，竹荪100克，菜心10颗，菌汤包180克，南瓜汁100克，琼脂50克，山药泥90克等。

调料：盐10克，味精8克，松茸粉20克，葱10克，生姜15克。

技术关键

（1）调制绿豆淀粉时温度控制在60℃，用力搅拌均匀上劲。

（2）山药泥酿入竹荪后蒸制时间控制在3分钟，不能时间过长。

主要工艺流程

（1）将松茸改成长方形片，松茸和菌汤包加水吊成清汤。竹荪用温水泡3小时洗干净。

（2）将南瓜汁加入琼脂中，放入冰箱中冷冻后，改刀为小方形块。

（3）在绿豆淀粉中加入水和盐等，搅拌均匀，温度控制在60℃，用力搅拌均匀上劲，使其呈透明状待用，趁热挤圆时放入小方形块的南瓜汁，放入冷水中煮沸。

（4）将调好味的山药泥酿入竹荪中，再用焯水西芹丝扎三道，放入蒸笼蒸3分钟。

（5）碗中放入菌汤、松茸、竹荪、菜心即可。

菜品特色

竹荪鲜脆，鸽蛋软嫩，汤味醇。

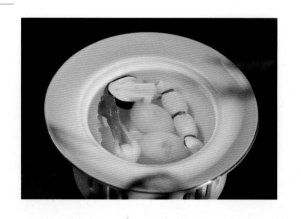

橙香浇汁素牛肉

营养指南

香糕的主要成分为粳米，粳米可提供丰富的B族维生素，再搭配色彩明艳且具有抗氧化成分的蘑菇、西蓝花、圣女果等原料，以弥补由于冬季新鲜蔬菜较少，摄入维生素不足的缺憾。本道菜肴具有补中益气、健脾养胃、益精强志之功，尤其适合春风时节调养肝脏。

食材选择

主料：香糕500克。

辅料：蘑菇8个，西蓝花100克，圣女果10颗。

调料：山贼烧酱120克，橙汁50克，老抽20克，生粉40克，料酒10克，味精3克，糖20克，洋葱50克，胡萝卜30克，香芹30克，蒜头20克等。

技术关键

（1）炸制时要控制好油温和时间，老抽抹均匀。

（2）烤制温度在190℃,烤盘下垫大京葱。

主要工艺流程

（1）将香糕改刀成长方形块，抹上老抽，放入140℃热油中炸至两面呈酱红色。

（2）山贼烧酱入锅中，用色拉油消开，香糕入大锅中，加料酒等调料，大火烧沸后改中小火，加盖烧30～40分钟，起锅冷却后，将其在卤汁中浸泡12小时。

（3）将香糕上笼蒸热后，烤盘下垫整条大京葱，上面整齐地放豆腐干，加一小片黄油，入烤箱烤香 （几分钟），装盘，淋上烧汁即可。

菜品特色

色泽酱红，陈香味浓，干香有劲道。

珍菌象形葫芦

营养指南

　　春季是肝旺之时，因时养肝可避免暑期的阴虚，故可选择一些柔肝养肝、疏肝理气的食材，老豆腐除具有高蛋白、低脂肪的特点外，还含有丰富的微量元素和钙等，再配以被称为当今世界"十大健康食品"之一的野生菌类，使其具有增强免疫力、抗衰老、抗疲劳等作用，可用于保健养生。

食材选择

主料：老豆腐50克，牛肝菌、杏鲍菇、香菇、茶树菇各8克。

辅料：宝塔菜10克，香米饭30克。

调料：冬菇酱油10克，糖5克，盐2克，蚝油10克，鸡精3克、味精2克、麻油2克等。

技术关键

　　（1）原料选用老豆腐，比较好定型。

　　（2）豆腐炸好定型后，掏空内部时应防止破皮，避免馅心外漏。

菜品特色

风味独特，造型美观。

主要工艺流程

　　（1）所有菌菇切成粒入油锅炸香，下姜末煸香，加盐、味精、鸡精、糖、冬菇酱油、麻油炒成馅备用。

　　（2）老豆腐搅拌成泥，做成葫芦状，入油锅炸定型后从底部掏空，将菌菇馅塞入。

　　（3）将"葫芦"下锅，倒入提前吊好的菌菇汤，下入味精、鸡精、糖、冬菇酱油、麻油、蚝油调味，小火烧5分钟。

　　（4）入味后捞出"葫芦"装入客位容器中，再将汤汁勾芡淋到"葫芦"上，再放入香米饭、宝塔菜点缀即可。

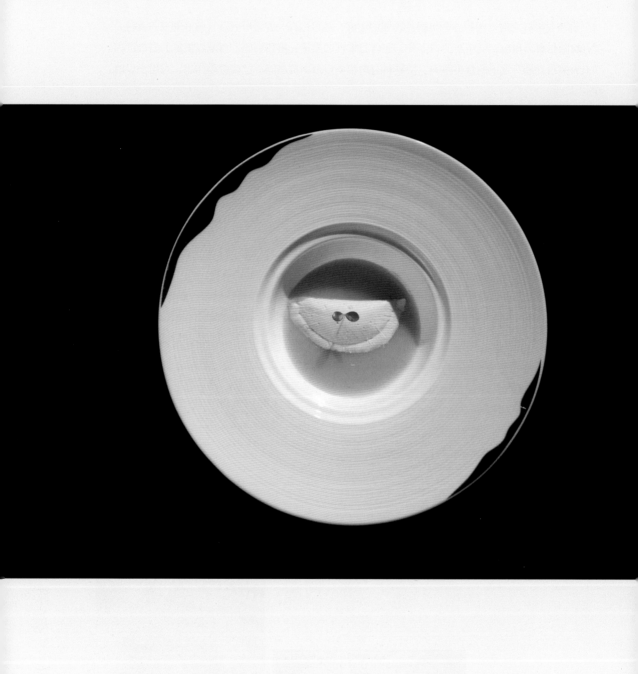

金汤野菜豆腐饺

营养指南

谷雨时节，温度升高快，雨水增多，空气湿度变大，此时应选用煲汤、熬粥等烹饪方法，以帮助机体清除体内火气。此道菜肴在食材上选择了富含维生素C的荠菜，以及谷雨时节又嫩又香的香椿芽，对养肝明目、调理脾胃、利尿消肿具有一定的作用，营养丰富又不油腻，正是春季的养生良品。

食材选择

主料：豆腐30克，荠菜20克。
辅料：香菇5克，香干5克，香椿芽1克，南瓜茸15克等。
调料：盐2克，鸡精2克，姜2克，麻油2克。

技术关键

制作豆腐饺的时间不宜过久，避免保鲜膜和豆腐饺粘连在一起。

菜品特色

造型美观、营养丰富。

主要工艺流程

（1）荠菜、香菇飞水过凉，挤干水分切末，香干切绿豆大小的粒，加入调料拌成馅心。

（2）豆腐挤干水分，放在保鲜膜上面铺平成直径约7厘米的圆形，再将馅心放在豆腐中间，将保鲜膜折叠，制作成豆腐饺，上笼蒸3分钟取出备用。

（3）锅内加高汤75克烧开调味，加入南瓜茸调味，勾芡后倒在容器内。

（4）将蒸好的豆腐饺放在金汤上，用香椿芽点缀即可。

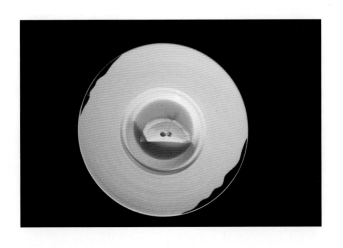

果蔬卷

营养指南

　　春季阳气初生，饮食的调养应注意生发阳气，故此道菜肴选择了具有养肝护目功效且富含维生素C和膳食纤维等营养素的苦菊、莴笋、冰草等绿色时蔬。此道菜肴不仅顺应了立春节气食用春卷、春饼"咬春"的习俗，还在烹饪方式上选择了更有益于健康的方式，投脏腑所好，是一道老少皆宜的美食佳品。

食材选择

主料：越南春卷皮50克。

辅料：苦菊30克，紫甘蓝30克，莴笋100克，草莓20克，小青橘20克，青、红椒各15克，冰草15克。

调料：盐5克，白醋2克，鸡汁3克，生抽10克，葱油3克，鲜味汁5克。

技术关键

（1）春卷一定要卷紧，防止成品散开，影响造型。

（2）蔬菜丝长短粗细要均匀，否则影响美观。

菜品特色

菜肴色彩鲜艳，口感爽脆。

主要工艺流程

（1）将越南春卷皮用约70℃温开水烫好后立刻用冷开水过冷待用。

（2）紫甘蓝30克，莴笋100克，青、红椒各15克，切成2厘米粗、6厘米长的丝待用。

（3）将切好的莴笋丝，青、红椒丝，紫甘蓝丝均匀地卷在春卷皮里面。

（4）将冰草插在卷好的春卷上面，草莓、小青橘对半切，用于摆盘装饰。

（5）汁水调制：盐5克，白醋2克，鸡汁3克，生抽10克、葱油3克，鲜味汁5克。

（6）汁水用容器提前装好，上桌时淋在果蔬卷上即可。

牛肝菌臭豆腐包

营养指南

　　牛肝菌作为珍稀菌类，其香味独特、营养丰富，富含的蛋白质、维生素及钙、磷、铁等矿物质，除有提高免疫、强身健体、利尿消肿的功能外，还具有极强的抗流感和预防感冒的功效。再搭配富含大豆异黄酮和维生素B_{12}的豆腐，能够更好地起到互补效果，提升菜品的营养价值。此道菜肴与春季万物生长、生机盎然的景象相映衬，能促进新陈代谢，更适合春季调理脾胃而食之。

食材选择

主料：牛肝菌15克，面粉250克。
辅料：臭豆腐15克，葱花2克，白芝麻1克等。
调料：香油2克，臭豆腐乳1块等。

技术关键

收汁不宜过干，油不宜过多。

菜品特色

外酥里嫩，牛肝菌臭豆腐馅口味浓郁，色泽金黄。

主要工艺流程

（1）将250克面粉倒入150克水中，加入猪油5克、白糖10克、酵母1.5克、泡打粉2.5克，搅拌、和面，揉光，待用。

（2）发面20分钟，发好后下剂子（每个25克），擀面皮待用。

（3）臭豆腐切成0.3厘米大小的方块，牛肝菌切成片待用。

（4）熬臭豆腐汁水：锅里加少许香油，下入姜5克、大葱5克、蒜子3克、干辣椒3克、花椒2克炒香，加入适量高汤及辣椒酱250克，熬10分钟过滤去渣，熬好的水约1500克，调味（鸡精20克、鸡粉20克、鲜味汁50克、干锅酱50克），即可。

（5）炒牛肝菌臭豆腐馅：锅里加入少许豆油和切好的臭豆腐方块和牛肝菌炒香，加入熬好的臭豆腐汁水，加入臭豆腐乳1块调味，汤收汁至浓稠起锅，加入少许香油即可。

（6）将擀好的面皮加入30克牛肝菌臭豆腐馅，包成包子，蒸8分钟即可，走菜前需用平底锅将包子两面煎至金黄，撒葱花、白芝麻至香味激发出来即可。

蜜汁香芋

营养指南

　　味道甜美的红心山芋搭配营养丰富的辣木苗，使本道菜肴富含碳水化合物、膳食纤维、胡萝卜素、维生素以及钾、镁、铜、硒、钙等多种元素。山芋虽小，其营养价值和养生保健作用却很大，《本草纲目》等古代文献记载，其有"补虚乏，益气力，健脾胃，强肾阴"的功效。

食材选择

主料：红心山芋80克。

辅料：辣木苗50克等。

调料：冰糖30克，浓缩橙汁30克。

主要工艺流程

（1）红心山芋刻成鲍鱼形状备用。

（2）辣木苗焯水备用。

（3）砂锅加浓缩橙汁、冰糖、水、加入红心山芋，小火焗20分左右，收汁装盘，最后用辣木苗点缀即可。

技术关键

（1）焗红心山芋时应控制好火候，否则汁水变黑，导致颜色不美观。

（2）选用红心山芋，一是颜色好看，二是口感香甜。

菜品特色

山芋软糯，入口酸甜。

蘸水松针卷

营养指南

　　松针芽具有苦而温的特性，入心经也入脾经，有祛风燥湿、杀虫止痒等功效，并且有活血安神的作用。松子仁中含有大量的不饱和脂肪酸，具有健脾通便、健脑补脑之功效。本道菜肴中别具特色的馅料辅以越南春卷皮的搭配，使其特别适合立春时节食用。

食材选择

主料：松针芽500克。

辅料：越南春卷皮10张，松子仁50克，小米辣30克。

调料：盐5克，味精5克，鸡精5克，白糖20克，香醋30克，生抽80克，麻油30克。

技术关键

新鲜松针芽用开水烫时可加食用碱烫，保证松针芽翠绿。

菜品特色

松针清香，咸鲜爽口。

主要工艺流程

（1）新鲜松针芽用开水烫后冲凉，切成末，加盐、味精、鸡精、白糖、麻油拌成馅备用。

（2）小米辣顶刀片后加入味精、鸡精、白糖、香醋、生抽、麻油调成蘸水备用。

（3）越南春卷皮铺开加入松针馅后卷成圆形，用刀修齐呈烧卖造型，装盘带蘸水即可。

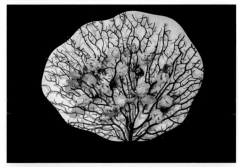

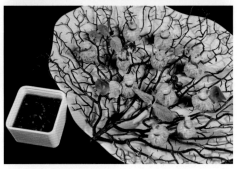

菊花豆腐鱼

营养指南

　　春季气温变化大，冷热刺激可使人体内的蛋白质分解加速，导致机体抵抗力下降，千叶豆腐中富含的优质蛋白质和丰富的大豆卵磷脂、豆甾醇，有助于提升机体抵抗力，并且能够保护神经细胞和血管。本道菜肴碳水化合物和脂肪含量低、蛋白质含量高，故具有减肥、保护心脑血管等功效。

食材选择

主料：千叶豆腐1块（250克）。

调料：番茄汁50克，白糖20克，白醋15克，盐3克，吉士粉30克，生粉20克，浓缩橙汁50克等。

技术关键

（1）刀面处理要整齐，粗细均匀。

（2）千叶豆腐一定要用水洗一下，能够更好地裹上生粉和吉士粉，出品的口感更加脆爽。

主要工艺流程

（1）千叶豆腐改刀成菊花状待用。

（2）生粉、吉士粉掺和后备用。

（3）将切好的千叶豆腐用水洗一下，用鸡蛋液抓一下，均匀地裹上生粉和吉士粉备用。

（4）起锅烧油：色拉油烧至七成热，下入千叶豆腐炸至金黄。

（5）锅内放5克色拉油、50克水、番茄汁、浓缩橙汁、白糖、盐、白醋等，烧开后勾芡，再淋入30克热油搅拌均匀，浇在炸好的菊花千叶豆腐上即可。

菜品特色

外酥里嫩，酸甜可口。

八酷花生米

营养指南

　　春天在饮食方面，要遵照《黄帝内经》里提出的"春夏补阳"的原则，宜多吃温补阳气的食物，以使人体阳气充实。花生米富含脂肪、蛋白质，为营养丰富的食品。花生米具有健脾养胃、润肺化痰的功效，主治脾虚反胃、乳妇奶少、脚气、肺燥咳嗽、大便燥结。

食材选择

主料：花生米150克。

辅料：土豆丝30克。

调料：花生酱10克，柱侯酱10克，冰花梅酱20克，辣椒籽5克，藠头5克，蒜蓉3克，姜蓉3克，五香粉2克，生抽10克。

主要工艺流程

（1）将花生米焯水后放入油锅中炸熟待用。

（2）将所有调料按比例放入盆中调制均匀。

（3）花生米装入餐具中加以装饰，配上酱汁即可。

技术关键

（1）花生米炸制前先焯水，成品酥香，色泽鲜亮。

（2）调料按比例调制，充分融合后具有层次感。

菜品特色

花生酥香，酱味浓郁，多种味道互相交融，食后唇齿留香。

麻酱草菇菠菜球

营养指南

菠菜是一年四季都有的蔬菜，但以春季为佳，其根红叶绿、鲜嫩异常，尤为可口，且经过焯水处理能去除有碍机体吸收钙和铁的草酸，更有益于机体健康。中医也认为菠菜性甘凉，能养血、止血、敛阴、润燥。春季上市的菠菜，对解毒、防春燥、保护视力颇有益处。

食材选择

主料：菠菜500克。

辅料：草菇100克。

调料：素蚝油20克，盐5克，麻油10克，芝麻酱20克，糖5克，鲜味汁5克等。

技术关键

（1）菠菜烫后用冰水过一下，可保持色泽翠绿。

（2）草菇要卤透，使其富含卤汁。

（3）菠菜球成品大小要保持一致。

主要工艺流程

（1）将焯过水的草菇入锅中加素蚝油及鲜味汁卤制入味待用。

（2）将菠菜烫熟后挤出水分，留完整的菠菜叶十张，其余切碎后加调料拌匀。

（3）芝麻酱加入麻油等调料拌匀。

（4）在菠菜中包入草菇，做成球状后外面盖上菠菜叶，放入盘中，浇上酱汁，稍加点缀即可。

菜品特色

做工精细，色泽翠绿，草菇做馅，口感丰富。

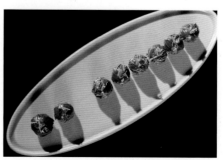

云南冰川糯茄

营养指南

　　本道菜肴的主要食材茄子中维生素PP的含量较高，每100克中即含维生素PP750毫克，且茄子含有的皂草苷，可促进蛋白质、脂类、核酸的合成，提高供氧能力，增强毛细血管的弹性，改善血液流动，减低脆性及渗透性，防止血栓，提高免疫力，对心脑血管具有较好的保护效果。

食材选择

主料：云南冰川糯茄500克。

辅料：招牌脆炸粉50克，薄荷叶5克。

调料：素蚝油10克，味精5克，鸡精5克，白糖5克，海鲜酱油10克，色拉油750克（实用35克），水20克。

技术关键

（1）茄子初加工时不要提前刨皮，防止氧化发黑。初次炸定型后即可捞出备用。

（2）走菜时复炸至金黄色、酥脆。汁水不要多，以正常一份一公勺的量为宜。

菜品特色

酥脆香甜，茄子如奶昔般的口感。

主要工艺流程

（1）茄子改刀成长6厘米、宽及厚为1.5厘米的菱形斜刀块备用。

（2）脆炸粉加水调制成脆炸糊，至丝滑即可，放少许色拉油调匀。

（3）将切好的茄子放入调制好的脆炸糊中。

（4）锅内加入色拉油烧至六成热，下入茄子炸至金黄色后捞出控油。

（5）将上述调料下锅，调制成汁水，再将炸好的茄子翻炒均匀，装盘，用薄荷叶点缀即可。

呛拌农家菜根香

营养指南

　　惊蛰节气，气温开始升高，机体容易出现口干舌燥之症，也容易出现感冒、咳嗽等问题，故此时可以多食用富含丰富维生素的食材。本道菜肴中的胡萝卜、芥蓝、莴笋等黄绿色蔬菜，富含维生素A，具有保护上呼吸道黏膜和上皮细胞的功能；洋葱、青红椒等富含维生素C，可提高人体免疫功能，增强机体抗病能力。

食材选择

主料：胡萝卜30克，芥蓝30克，莴笋30克，洋葱30克，香菜30克。

辅料：青红椒20克。

调料：香醋5克，白醋5克，辣鲜露5克，酱油5克，鲜味汁5克，小米辣5克，小米辣水10克，纯净水20克，味精5克，白糖5克，苹果醋5克，生抽10克等。

主要工艺流程

（1）胡萝卜去皮改刀成长5厘米、宽2厘米、厚0.5厘米的长方形厚片，芥蓝、莴笋同上述一致。

（2）洋葱切条，香菜去叶，取香菜梗，青红椒去籽切条。

（3）将上述调料调制成味汁，把改刀好的原料放入调好的汁水中，泡制2小时后捞出，加入麻油抓拌即可装盘。

技术关键

（1）保持主料新鲜。

（2）改刀薄厚均匀，尺寸一致。

（3）把握泡制时间。

菜品特色

酸辣爽口，爽脆开胃。

海参饺

营养指南

　　土豆淀粉中的维生素及钙、钾等矿物质含量相对比较高，而且非常容易被消化吸收；土豆淀粉中所富含的大量膳食纤维，可以宽肠通便、降糖降脂，帮助机体及时排泄代谢毒素，可以有效防止便秘的出现，也能够预防肠道疾病的发生。其辅以具有利肺豁痰、消肿散结功效，且被称为"长寿菜"的芥菜，使本道菜肴独具特色。

食材选择

主料：土豆淀粉300克，芥菜末100克。
辅料：竹炭粉2克等。
调料：盐4克，麻油20克，糖5克，味精2克等。

技术关键

（1）开水冲面过程及时把握好面糊的硬度，不宜过软，否则影响海参形状。
（2）竹炭粉不宜超量，避免颜色过深。

菜品特色

形象逼真、口感柔韧。

主要工艺流程

（1）芥菜末加入调料拌成馅料备用。
（2）土豆淀粉加清水150克、竹炭粉2克、盐4克搅拌均匀，慢慢用开水冲至糊状后揉匀，下15克左右的面剂。
（3）擀成面皮，包入馅心，捏成海参的形状。
（4）上笼蒸5分钟即可。

包菜面果

营养指南

　　蜜豆主要具有滋补强壮及健脾养胃等功效。中医认为其性平，味甘酸，无毒，具有利水除湿、清热解毒以及通乳汁和补血等功能。该豆类中含有一种皂苷类物质，可以促进通便及排尿，对于心脏病或肾病引发的水肿有一定辅助治疗作用；而且蜜豆富含铁，有补血作用，尤其适合女性食用，以预防贫血。

食材选择

主料：蜜豆200克，面粉200克。
辅料：菠菜汁50克，酵母5克，泡打粉5克。
调料：白糖20克。

技术关键

面团不能过软，避免不好成型。

菜品特色

象形逼真，松软香甜。

主要工艺流程

（1）面粉中加入酵母、泡打粉、白糖、菠菜汁和成面团。
（2）下面剂（每个20克），擀成面片，包入15克蜜豆，制成圆坯。
（3）下面剂（每个5克），擀成圆皮，用白色面团切条、搓条，贴在绿色面皮上，三片叶子包在圆坯上使其成包菜状。
（4）醒发30分钟，上蒸笼蒸10分钟即可。

发财罗汉斋

营养指南

　　丰富的食材是本道菜肴的一大特色。春季肝气最旺，而肝气旺会影响脾，容易出现脾胃虚弱病症，故春季饮食适宜选择辛、甘、温之品，可食用甜味食物，以健脾胃之气，如红枣可以滋养血脉、强健脾胃；春季可多食用生津润肺的莲子、茭白等白色食材，更有益于机体适应春季的气候变化。

食材选择

主料：白果，莲子，红枣，香菇，冬笋，胡萝卜，茭白，木耳，草菇，板栗，菱角，圣女果，油面筋，荷兰豆，西蓝花共400克。

辅料：发菜0.5克，素高汤200克。

调料：盐3克，糖5克，油5克。

主要工艺流程

（1）分别将不同原料提前蒸制。

（2）原料根据质地分别焯水。

（3）加素高汤烩制成熟。

技术关键

焯水掌握先后，蔬菜质地要好。

菜品特色

色泽艳丽，口感丰富。

绿柳居素菜包

营养指南

　　唐代名医孙思邈曾说春日宜"省酸增甘，以养脾气"。中医认为，脾胃是后天之本，是人体气血化生之源，脾胃之气健旺，人可延年益寿。此道菜肴丰富的食材中富含多种营养物质，均为适宜春季食用的食材，故而使其可以促进阳气生发，适应春季的自然规律。

食材选择

主料：南京矮脚黄碎300克，白干30克，黄花菜丁30克，香菇丁30克，木耳丁30克，笋丁30克，熟芝麻6克。

辅料：面粉400克，酵母12克，泡打粉5克。

调料：盐4克，味精3克，白糖8克，麻油10克。

主要工艺流程

（1）将主料和调料混合搅拌，制成馅心。

（2）将辅料混合并加水，制成面团。

（3）面团搓条下剂，擀成面皮，包入馅心，捏成24道褶的包子，装笼。

（4）水开后蒸10分钟即可。

技术关键

所有主料要用开水烫一下，并用冷水立刻凉透。

菜品特色

色泽洁白、馅心翠绿。

花菽荠菜卷

营养指南

初春采荠菜的嫩苗食用，清香可口。荠菜历来是药食同源的佳蔬，其性味甘平，具有和脾、利水、止血、明目的功效。常吃荠菜可利肝气，唤起人的食欲，消化积食瘀滞。荠菜所含营养物质平衡，并含丰富的维生素C和胡萝卜素。春吃荠菜有助于增强机体免疫功能，有调节血压、健胃消食之功效。

食材选择

主料：荠菜馅250克。

辅料：豆腐皮20克，松子仁10克等。

调味：盐1克，味精2克，蚝油2克等。

主要工艺流程

（1）豆腐皮改刀成四方形，对角卷成卷。

（2）两头沾上黑芝麻和绿菜叶。

（3）油温四成热，炸至成熟。

技术关键

炸制成品时要掌握火候和色泽。

菜品特色

象形花鼓，口感香脆。

茶壶素菜包

营养指南

　　此道菜肴精致的造型设计与谷雨时节喝谷雨茶的习俗相得益彰。谷雨时节采制的春茶叫作谷雨茶，也叫二春茶，此时的茶芽叶肥硕、色泽翠绿、叶质柔软，富含多种维生素和氨基酸，比起清明前采制的明前茶，更温和清新。一年之中所产茶叶以此时滋味鲜浓，使春茶滋味鲜活，香气怡人。

食材选择

（1）皮坯原料：中筋面粉250克，可可粉15克，冷水90克，热水20克，酵母1.5克。

（2）馅心原料：切碎的腌渍去水包菜400克，老卤百叶100克。

（3）调味原料：盐8克，味精10克，糖30克，香辣酱15克，麻油60克。

技术关键

（1）发酵面团调制时要稍硬一点，保持茶壶不易变形。

（2）发酵面团要反复压光滑，再进行制作，保持茶壶的光滑。

（3）调制发酵面团时酵母的数量要适当减少。

（4）茶壶生坯充分醒发后再蒸制成熟。

菜品特色

造型逼真，创意新颖。

主要工艺流程

（1）发酵面团调制：取中筋面粉200克放在案板上，中间开窝，放入5克可可粉、1.5克酵母后用冷水调制成浅咖啡色的发酵面团。

（2）水调面团调制：余下的50克面粉加10克可可粉、20克热水调制成深咖啡色的热水面团。

（3）制馅：将包菜洗净切碎并用盐腌渍后，挤干水分，加入切碎的老卤百叶，用盐、味精、糖、香辣酱、麻油调味。

（4）成型：浅咖啡色的发酵面团下每个30克的面剂，用手搓一个圆馒头生坯；取6克深咖啡色热水面团，用3克做壶把，3克分别做壶嘴和壶盖，分别将壶把、壶嘴、壶盖组装到圆馒头上使其成茶壶生坯。

（5）熟制：将茶壶生坯充分醒透，上笼用旺火蒸10分钟至熟。

（6）填馅：将蒸熟的茶壶从笼中取出冷却，待完全冷却后放入冰箱中冷冻10分钟后取出，用快刀将茶壶盖切割下来，并从茶壶盖处将茶壶中间掏空，填入馅心，上笼大火蒸2分钟至馅心成熟即可。

汉服饺子

营养指南

　　经过冬季之后，人们较普遍地会出现多种维生素、矿物质摄取不足的情况，如春季人们多发口腔炎、口角炎、舌炎和某些皮肤病等，这些均是因为新鲜蔬菜吃得少而造成的营养失调。因此，春季到来，富含营养物质的菠菜、菌菇等时蔬将成为补给营养的美食佳品。

食材选择

（1）皮坯原料：中筋面粉250克、蝶豆花粉20克、南瓜泥25克、热水90克。
（2）馅心原料：菠菜750克、水发黄菇100克、熟芝麻20克。
（3）调味原料：白糖20克、盐6克、味精6克、麻油40克。

技术关键

（1）调制面团的水温要稍高一些，有利于饺子的造型。
（2）上馅时饺子的边缘不能粘有馅心，否则饺子在成熟过程中粘油的部分会张开，影响饺子的美观。

菜品特色

造型逼真，咸甜适口。

主要工艺流程

（1）面团调制：中筋面粉加热水调制白色面团，在面粉中加入蝶豆花粉调制蓝色面团，同时用南瓜泥调制少量的黄色面团。
（2）制馅：菠菜洗净后在开水锅中焯水，捞出并用冷水冲透后剁碎，挤干水分。黄菇洗净、剁碎、挤干水分后加入菠菜中，并且撒上熟芝麻，用白糖、盐、味精、麻油调味成馅。
（3）成型：取6克蓝色面团擀成直径8厘米的圆皮，取8克白色面团擀成直径10厘米的圆皮，两色面皮叠在一起擀紧，在白色的一面包上馅心后对折，边缘捏紧成半月牙形的饺子，饺子有弧度的部分朝上，两边角抹少量水并向中间折，与饺身黏合成汉服造型的饺子，将黄色面团放入硅胶模中压一个领节，装饰在饺子的领口即可。
（4）成熟：饺子上蒸笼蒸8分钟，取出装入盘中。

田园风光

营养指南

　　春季食用春菜是一项古老的传统，现在的春菜指的是当季的新鲜蔬菜，尤其是野菜。野菜生长在郊外，污染少，且吃法简单，可凉拌、清炒、煮汤、作馅，营养丰富，保健功能显著。本道菜肴中丰富的食材，如白芦笋、红菜头、杂菜苗、红菊苣叶、洋花萝卜、宝塔花菜等适宜于春季食用。

食材选择

主料：白芦笋，红菜头，白萝卜，胡萝卜，干葱头，杂菜苗，红菊苣叶，绿菊苣叶，洋花萝卜，嫩菊叶，甜椒，宝塔花菜，有机番茄适量。
辅料：三色堇，酥皮卷，卡拉胶，钙水适量。
调料：意大利醋，橄榄油，麻油酱，千岛酱等适量。

主要工艺流程

　　（1）将所选择的蔬菜原料初步加工后，再分别清洗干净并沥干水分。
　　（2）将白芦笋、红菜头、干葱头、甜椒焯水，煮熟后放入冰水中保存备用。
　　（3）制作好千岛酱汁，再把意大利醋采用分子调理工艺制成胶囊。
　　（4）把所有时蔬放入盘中，再放入白芦笋、红菜头、干葱头、甜椒拌均匀，浇入酱汁装盘即可。

技术关键

　　（1）原料要新鲜，注重不同口感与色泽的蔬菜搭配。
　　（2）醋味胶囊制作完成后保存时间不能太长。

菜品特色

摆盘清爽，突出清新意境。

烟熏火腿

营养指南

　　百合含有丰富的营养物质，除了含有淀粉、蛋白质、钙、铁、磷等之外，还含有B族维生素、维生素C、胡萝卜素等。除此之外，百合还含有一些特殊的营养成分，如多种生物碱。这些生物碱成分不仅具有良好的营养滋补作用，还具有养心安神、润肺止咳的功效，对体质虚弱之人非常有益。

食材选择

主料：百合300克，胡萝卜200克。
辅料：海藻胶100克，火龙果汁10克，胡萝卜汁15克，藕片10克，青豆6克，圣女果1粒。
调料：盐15克，法芥20克，蜂蜜8克等。

技术关键

（1）注意海藻胶用量，百合冷藏后不能太硬。
（2）要选粉质百合，蒸透后制泥。

菜品特色

造型逼真，烟熏味适中。

主要工艺流程

（1）百合清洗后，入蒸箱蒸熟打成泥备用，海藻胶用冰水泡软后化成海藻胶水备用。
（2）法芥加蜂蜜和橄榄油调制成芥末汁。百合泥加入火龙果汁和胡萝卜汁调色并加海藻胶水70克后加盐调味，卷成直径为1.2厘米、长15厘米的条，入冰箱冷藏。
（3）胡萝卜汁加入盐调味后加入海藻胶，制成胶片。将冷藏后的百合泥卷入胡萝卜片中制成火腿肠形状。将制成的素火腿装盘，用烟熏枪熏上香草味，配芥末酱上桌。

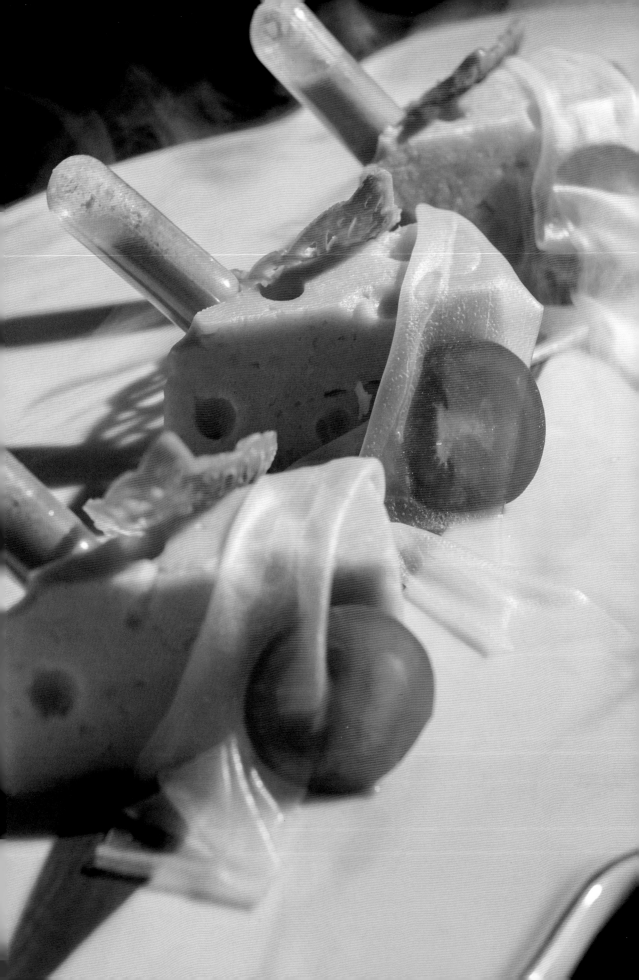

一叶苇渡

营养指南

　　春季饮食要注意多补充优质蛋白质，以增强抵抗力。豆制品中的鹰嘴豆是一种高蛋白、低脂肪、低热量的食物，可以促进人体内脂肪的分解和代谢。中医认为鹰嘴豆具有清热、利湿、解毒之功效。从现代医学角度看，鹰嘴豆含有丰富的异黄酮类物质，能够直接作用于人体细胞，可以起到延缓衰老、紧致皮肤的作用。

食材选择

主料：鹰嘴豆300克。

辅料：越南春卷皮2张，香菇50克，黄豆芽200克，昆布100克，青豆20粒。

调料：盐10克，胡椒粉2克，咖喱酱30克，白味噌20克。

主要工艺流程

（1）用黄豆芽与香菇吊制高汤。

（2）鹰嘴豆泡软（约6小时），用高汤燀透，打成泥备用。

（3）豆泥加入盐、白味噌调味，入模制成素奶酪。

（4）素奶酪入烤箱160℃烤3～5分钟后取出，配咖喱酱、春卷皮装盘。

技术关键

（1）鹰嘴豆泥制作要细腻，便于奶酪造型。

（2）春卷皮用冷水泡5分钟即可，时间不易过长。

菜品特色

造型逼真，突出意境。

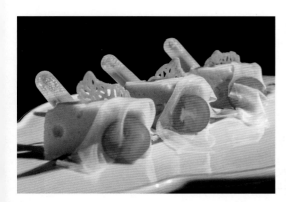

香炸什锦豆腐包

营养指南

　　春季养生"豆"先行，豆制品中富含的优质蛋白质对春季养生尤为重要，为适应季节气候的变化、保持人体健康，在饮食调理上应当注意养肝为先，要遵照《黄帝内经》里提出的"春夏补阳"的原则，宜多吃些温补阳气的食物，以使人体阳气充实，增强机体抵抗力。

食材选择

主料：豆腐皮150克。

辅料：白豆腐80克，大白干80克，香菇丁50克，笋丁50克，胡萝卜丁50克，小葱花10克，姜米10克，鸡蛋液2个，面包糠150克。

调料：盐5克，味精3克，绵白糖8克，花椒油15克，生粉50克等。

技术关键

（1）豆制品基本上要焯水备用。

（2）油温要控制在180℃左右。

菜品特色

外酥里嫩，色泽金黄，豆香浓郁。

主要工艺流程

　　（1）前期处理：①将豆腐皮每张一分为四，呈正方形。②起锅上火，烧开水，将大白干和白豆腐焯水，去除豆腥味。③将焯过水的白豆腐和大白干切丁，与香菇丁、胡萝卜丁、笋丁、小葱花、姜米混合，加入盐、味精、绵白糖、花椒油拌匀调味制成豆腐馅料。

　　（2）烹饪处理：①将豆腐皮一面拍上少许生粉，裹入豆腐馅料，包裹成正方形块状（豆腐包）。②将豆腐包拍上生粉，拖鸡蛋液再裹上面包糠待炸。③起锅上火，将大豆油烧至180℃，将豆腐包下锅炸至表面金黄即可装盘。

茶香玉汁素燕窝

营养指南

　　春季增加饮水量可增加循环血容量，有利于养肝和代谢废物的排泄，可降低毒物对肝的损害。此外，补水还有利于腺体分泌，尤其是胆汁等消化液的分泌。冬瓜中除水分含量较高外，所含的丙醇二酸可抑制碳水化合物转化为脂肪，有利水消肿作用，能去掉体内过度堆积的脂肪，可当作减肥食材来食用。

食材选择

主料：冬瓜500克。

辅料：水果玉米100克，鲜牛奶150克，抹茶粉50克。

调料：冰糖50克，盐5克，生粉160克。

主要工艺流程

（1）冬瓜去皮去瓤切成6厘米×0.3厘米×0.3厘米的丝，冬瓜丝用生粉拌制裹匀，锅中烧开水后把裹上生粉的冬瓜丝用漏勺入开水烫熟至透明状（素燕窝）捞起，立即放入冰水中，凉透后捞出待用。

（2）水果玉米用刀削成粒，加入鲜牛奶150克、水500克、抹茶粉，用料理机打成茸（玉汁）待用。

（3）将玉汁放入锅中，加冰糖熬制烧开后放入盘中，再将做好的素燕窝放入淡盐水中烧开，沥干水分后放入玉汁中即可。

技术关键

（1）冬瓜丝用生粉拌制，一定要用生粉把每根冬瓜丝裹匀。

（2）裹上生粉的冬瓜丝入水烫熟后，一定要立即放入冰水中冷却。

菜品特色

奶香浓郁，滑爽可口，晶莹透亮，形如燕窝，风味独特。

咖喱时素佛跳墙

营养指南

　　春季强调蛋白质、碳水化合物、维生素、矿物质要保持相对比例。此道菜肴中丰富的原材料很好地体现了《中国居民膳食指南（2022）》中所强调的"食物多样，合理搭配"，其中的牛蒡、淮山药、虫草花等药食两用食材可益气升发、养阴柔肝、疏泄条达，配合相应的食物来调制，更能起到春季温补之效。

食材选择

主料：白灵菇50克，松茸20克，牛蒡50克，淮山药50克，羊肚菌20克，香菇20克，猴头菇30克，虫草花10克，鸽蛋3只，西蓝花3克，胡萝卜20克，秋梨30克，白吐司1条。

辅料：黄油10克，洋葱10克，蒜泥10克，百里香2克，香茅10克，椰丝10克。

调料：盐5克，葡式咖喱30克，香叶5克，八角2克，冰糖20克，鸡精5克，辣油5克，椰浆20克，淡奶20克。

主要工艺流程

（1）白吐司改刀下油锅炸，挖空吐司内部备用。

（2）白灵菇改刀为素鲍鱼后炸至上色，牛蒡刨成丝并炸熟。

（3）淮山药、松茸、羊肚菌、香菇、猴头菇、虫草花、鸽蛋、西蓝花、秋梨、胡萝卜，改刀煮熟备用。

（4）将调制好的葡式咖喱汁烩装入吐司内部，撒椰丝、炸牛蒡丝装饰。

技术关键

（1）炸吐司时要控制好油温，至吐司上色即可。

（2）葡式咖喱味道平和、不辛辣，更能体现食材原本的味道。

菜品特色

咖喱椰香四溢、色泽金黄，菌类食材鲜味十足、营养丰富。

素锅贴干贝

营养指南

　　此道菜肴中的主要食材为铁棍山药，其除含大量淀粉和蛋白质外，还有维生素、脂肪、胆碱等成分，以及碘、钙、铁、磷等人体不可缺少的矿物质。铁棍山药中含一种多糖蛋白质的混合物"黏蛋白"，使其具有补脾养胃、补肺益肾的功效，还能够帮助高血糖患者调节血糖，对人体具有特殊的保健作用。

食材选择

主料：铁棍山药600克。

辅料：豆腐皮1张，杏鲍菇100克，胡萝卜8克，青菜5克，黑芝麻5克。

调料：盐5克，味精3克，番茄酱30克等。

主要工艺流程

（1）铁棍山药蒸熟去皮，用刀压制成泥状，加盐、味精调味拌匀。

（2）杏鲍菇切丝，炸至金黄。胡萝卜、青菜叶切碎。

（3）将铁棍山药泥酿在豆腐皮上，再将杏鲍菇丝、胡萝卜碎、青菜叶末、黑芝麻点缀在铁棍山药泥上，入锅煎至酥脆，改刀装盘即可。

技术关键

素性原料（铁棍山药）黏度不够，要用干生粉增加黏度。

菜品特色

形象逼真，外脆里糯。

玫瑰金橘山药

营养指南

在中医五行学说中，肝属木，与春相应，主升发，在春季萌发、生长，故春季宜吃甜味食物，以健脾胃之气，如玫瑰花酱，性味平和，可以滋养血脉、强健脾胃；山药是春季饮食佳品，亦是药食两用食材，具有健脾益气、滋肺养阴、补肾固精的作用。此道菜肴造型可爱，是一道老少皆宜的美食佳品。

食材选择

主料：铁棍山药400克。
辅料：玫瑰花酱60克，糖渍金橘100克。
调料：蜂蜜10克。

技术关键

铁棍山药需要蒸制，不能水煮，可去除多余水分，保证黏度。

菜品特色

玫瑰金橘山药口感糯软，花香入菜，形状美观。

主要工艺流程

（1）将铁棍山药蒸熟、去皮，用压薯器压制成泥备用。
（2）将糖渍金橘改成小块。
（3）铁棍山药泥中加入玫瑰花酱、蜂蜜，将金橘酿至其中，搓制成球形。
（4）再淋少许玫瑰花酱于球上，造型、装盘即可。

四色素烧鹅

营养指南

　　豆腐宴菜品以豆腐为主要原料，辅以不同配料，经过不同的烹调方法和制作工艺，制成的具有浓郁地方特色的菜肴，口感细腻，营养味美。香椿发的嫩芽是春季所特有的食材，春季香椿新枝的嫩叶口感最好。香椿不仅香味浓郁、营养丰富，而且有较高的药用价值。中医认为香椿味苦，性寒，有清热解毒、利湿、利尿、健胃理气的功效；香椿独特的味道，还有醒脾开胃、增加食欲的作用。

食材选择

主料：淮南豆腐皮150克。
辅料：胡萝卜丝40克，茭白丝40克，香菇丝40克，香椿苗30克。
调料：盐10克，味精5克，糖5克，麻油10克。

技术关键

（1）控制油温在合适温度（七成热）。
（2）装盘时，分别改刀合并装饰，菜品颜色鲜艳可人。

主要工艺流程

　　（1）将豆腐皮浸入温水泡软，水温以40℃为宜。
　　（2）将胡萝卜丝、茭白丝、香菇丝分别炒熟，使用盐、味精和糖调味；将香椿苗洗净，使用麻油搅拌调味。
　　（3）将四种辅料包入豆腐皮，制成长10厘米、宽8厘米的豆皮包，使用七成热油温将豆皮包炸至金黄起壳，改刀装盘即可。

菜品特色

素烧鹅四色分明，外酥内鲜。

莴笋水晶冻

营养指南

　　莴笋中含有机体所需要的各种营养物质，尤其是含有较多的烟酸。烟酸是胰岛素的激活剂，糖尿病人经常食之，可改善糖的代谢。中医认为，其性凉，味甘苦，能排毒、利五脏、清热利尿、镇静安眠、白齿明目，对小便不利、高血压、高血脂、产后缺乳等症有辅助疗效。

食材选择

主料：莴笋200克。

辅料：琼脂80克等。

调料：味精5克，盐20克，火龙果100克。

技术关键

琼脂与水的比例为1:3，加热搅拌时温度控制在75℃。

主要工艺流程

（1）将莴笋去皮，用刨刀刨成30厘米长的薄片并用盐腌制。

（2）将腌制过的莴笋片焯水后捞起，静置至其冷却。

（3）将莴笋卷出纹样并淋入加热后的琼脂，静置使其冷却定型。

（4）将莴笋水晶冻改刀，造型，装盘即可。

菜品特色

莴笋水晶冻颜色翠绿，造型美观，口感脆爽，且可以充分保留营养价值，是色美味佳的开胃前菜。

素雪花肥牛

营养指南

　　春季是大自然气温上升、阳气逐渐旺盛之时，此时养生宜侧重于养阳，才能顺应季节变化。根据春天人体阳气生发的特点，可选择平补和清补饮食，如味道微甜的食物对脾胃有益，有助于提升消化能力，故春季饮食调养宜选辛、甘温之品，忌酸涩，应多食用新鲜果蔬以及山野菜等。

食材选择

主料（牛肉部分）：草莓果酱200克，糯米粉16克，玉米糖浆4克，鱼胶粉15克，红菜头汁4克，石榴味糖水20克。

辅料（雪花部分）：酸奶160克，全脂牛奶60克，淡奶油60克，鱼胶粉15克，玉米糖浆80克，糯米粉24克。

技术关键

（1）调制比例要适当。
（2）两个部分都要下锅熬化。

菜品特色

奶香味浓，色泽美观。

主要工艺流程

（1）将牛肉部分、雪花部分分别调制好，放入不粘锅中熬化，用细漏筛过滤，分别用裱花袋装好，晾凉待用。

（2）取一方盘，用锡纸铺垫包裹边缘，再铺一层保鲜膜。

（3）把牛肉和雪花部分分别一层层裱入盘中，最后以雪花部分封顶。置入冰箱冷藏2~3小时，取出后改刀装盘即可。

雪窖望月

营养指南

从科学饮食的观点来看，春季强调蛋白质、碳水化合物、维生素、矿物质要保持相对比例，内酯豆腐中的蛋白质含量远超其他普通的豆腐，通过补充蛋白质可以有效增强体质；内酯豆腐中含有的钙元素，可以促进骨骼的生长发育，并且能够预防骨质疏松，故本道菜肴是一道老少皆宜的美食佳品。

食材选择

主料：内酯豆腐75克。

辅料：上海青菜心1颗，枸杞子2克。

调料：盐5克，鸡汁2克等。

技术关键

（1）刀工处理要整齐，粗细要均匀。

（2）炖制时间不宜过久，否则豆腐会粘在一起，影响造型。

主要工艺流程

（1）将内酯豆腐改刀成菊花状，粗细似针大小，用水处理干净后放入炖盅内。

（2）上海青菜心、枸杞子煮熟备用。

（3）取50克清汤，加盐、鸡汁调味，倒入装有豆腐的炖盅内，上笼蒸20分钟即可。

（4）将煮熟的上海青菜心、枸杞子加以点缀即可。

菜品特色

咸鲜爽口，造型美观。

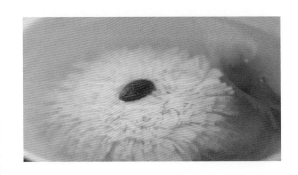

佛手茭白

营养指南

茭白是一种清新爽口的食材，其营养丰富，含碳水化合物、有机氮、水分、脂肪、蛋白质和膳食纤维等营养成分，食用后可加快人体的新陈代谢，促进胃肠的蠕动，有排毒养颜、预防便秘、调节新陈代谢、提高机体免疫力、减肥、抗病毒等作用，对皮肤暗黄的人群来说是一道美容的佳品。

食材选择

主料：茭白200克。

辅料：姜黄汁40克。

调料：盐8克，味精3克，糖9克。

主要工艺流程

（1）将茭白雕刻成佛手形状。

（2）将茭白入油锅中焖熟，然后将其放入调好的卤汁中浸入味，取出装盘。

菜品特色

形似佛手、口感软嫩。

技术关键

刀工的掌握，卤汁的调制。

乡间的瓜菜方舒，万物褪去了春的清嫩之色，炎热的夏天逐渐到来。夏应心而养长，人们在制作夏季菜肴时更多的是考虑如何预防夏日酷暑常见的食欲不振、消瘦倦怠等苦夏症状。

立夏是小麦上场的时节，北方大部分地区有制作与食用面食的习俗，意在庆祝小麦丰收，如吃面条、吃夏饼、吃扒糕；在南方则是个尝新的节日，可以品尝到一年中最早的收获物，有地三鲜（蚕豆、苋菜、黄瓜）、树三鲜（樱桃、枇杷、杏子）的说法。夏天湿邪重，脾胃功能低下，夏季产的豆类均属于"脾之谷"，立夏以后正是青蚕豆上市的时节，江苏不少人家会将蚕豆与大米一锅煮，称为"蚕豆饭"。清·薛宝辰《素食说略》中记载，"菜之味在汤，而素菜尤以汤为要。……胡豆浸软去皮煮汤，鲜美无似。"南方人立夏烹茶馈赠邻居，称为七家茶。夏天容易让人食欲不振，刚刚进入立夏，民间有称人的习俗，看夏天是否有所消瘦。

小满是一个充满哲理的节气。小满者，满而不损也，满而不盈也，满而不溢也。因此在二十四节气的命名上有一个独特的现象，有小暑必有大暑，有小雪必有大雪，有小寒必有大寒，有小满却独缺大满。进入小满心火易旺，夏应心，苦入心，吃些苦味的食物可以排毒，如苦瓜、蒲公英、苦菜。苦菜性寒，有清热解毒、消肿明目之效，最常见的是凉拌或清炒，能平息初夏的燥热之气。

有芒作物的种子熟了，晚谷、黍、稷等作物也开始播种了，作为一个承前启后的节气，芒种是一年中最为忙碌的时节。芒种时节正值青梅成熟之际，江南地区进入了暑热难耐的梅雨季，将酸脆的青梅置

于醇香的黄酒之中，便有"煮得青梅同下酒，合欢花上画眉啼"的一番情趣。

北半球一年中白昼最长的一天就是夏至，随后白昼一天天变短，民间有"吃了夏至面，一天短一线"的说法。夏至的开始标志着炎热即将到来，人们日渐感到食欲不振，宜多食清淡的汤面、麦饼、蔬菜和瓜果。西北地区夏至时流行吃蜂蜜凉粽子。

"小暑大暑，上蒸下煮"，一年当中最炎热的时节就是大暑、小暑节气。夏季心火旺盛，人们喜食清凉食品，如苦瓜、西瓜、黄瓜、冬瓜。另外，蒲菜、茭白、藕、莲子也是这个季节备受欢迎的时令蔬菜。宋代医学著作中曾记载一款三豆饮饮品，用绿豆、赤豆和黑豆制作而成，可解暑盛之毒，祛痘、除痱。民间还有用"三花"（金银花、菊花、百合花）、"三叶"（荷叶、淡竹叶、薄荷叶）制茶以解暑热的习惯。

非常有趣的是，在民间有"冬吃萝卜夏吃姜""头伏饺子二伏面，三伏烙饼摊鸡蛋"的说法，据说在炎炎夏日吃热食可以促进机体多排汗以排出体内的毒素。

金汤百合羹

营养指南

　　夏天心火旺而肾水亏，饮食需要注意补养肺肾之阴。百合味甘，入心经和肺经，能够起到养阴润肺的功效，而且还能够清心肺之热。百合同时搭配富含南瓜多糖的金瓜和富含蛋白质、维生素的山药，在炎炎烈日的大暑节气食用，具有清心安神的作用，是一道解暑美食佳品。

食材选择

主料：兰州百合150克。

辅料：金瓜汁100克，山药泥15克。

调料：盐2克，味精1克。

主要工艺流程

（1）山药泥打底，百合修饰成荷花状，淋入金瓜汁。

（2）上笼蒸熟。

技术关键

掌握蒸制时间。

菜品特色

形态素雅，软香滑嫩。

赛人参素燕窝

营养指南

　　夏令气候炎热，易伤津耗气。牛油果是热带水果，富含维生素A、维生素E、镁、亚油酸和必需脂肪酸，有助于强韧细胞膜，延缓表皮细胞衰老的速度。此道菜肴中有清热解毒的白萝卜，并辅以清凉解渴的冰淇淋，具有开胃生津、清热解暑等作用，适宜炎炎夏日里一般人群食用。

食材选择

主料：牛油果150克，白萝卜80克。
辅料：冰淇淋150克，玉米淀粉100克等。
调料：蜂蜜5克，枸杞子1颗。

技术关键

（1）制作牛油果冰淇淋时，注意牛油果与冰淇淋的比例，并且要快速制作，避免冰淇淋融化。
（2）余制后的白萝卜丝在冰水中的时长不宜超过2小时。

主要工艺流程

（1）选取熟牛油果，去皮去核，取牛油果净肉。
（2）将牛油果与冰淇淋按照1∶1的比例放入搅拌机，搅拌均匀，制成牛油果冰淇淋备用。
（3）白萝卜切细丝，清水浸泡2小时后沥干水分，用玉米淀粉均匀包裹。将白萝卜丝下开水中余制，捞出后放入冰水备用。
（4）取容器，用冰淇淋勺挖取牛油果冰淇淋并造型，顶上放处理完的白萝卜丝并继续浇淋少许蜂蜜，最后放1颗枸杞子装饰即可。

菜品特色

白萝卜丝经过处理色形皆似官燕，牛油果香气与冰淇淋醇厚口感交融一体，口感冰爽，营养价值高。

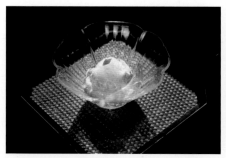
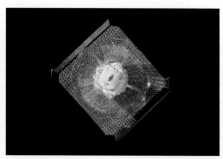

素东坡肉

营养指南

　　立夏之后的气候会加重心热、血热。冬瓜性寒味甘，可以清热生津，具有利尿、化痰、解毒等作用，对于避暑除烦有着良好的功效。芋头味甘辛、性平，为碱性食品，能中和体内积存的酸性物质，协调人体的酸碱平衡。这道菜肴适合闷热的夏天食用，可以去除肝火、解散郁结。

食材选择

主料：冬瓜400克（以8块东坡肉大小计）。
辅料：荔浦芋头200克，苔菜干16根，菜胆8棵。
调料：菜籽油20克，洋葱30克，葱10克，盐4克，蘑菇精1克，红曲米粉5克，东古酱油4克，生抽4克，老抽2克，白糖6克，菌汤500克等。

技术关键

（1）芋头的厚度和蒸制的时间很关键，否则镶在冬瓜上时，容易散碎。
（2）冬瓜一定要剞上密集的十字花刀才能上色。

菜品特色

三层夹花，肥瘦相间，形与红烧肉无二，入口酥烂，香润肥糯，咸鲜回甜。

主要工艺流程

（1）调制卤汁：锅中放入菜籽油，将洋葱和葱煸香，加菌汤，用红曲米粉、生抽、老抽、东古酱油、白糖、蘑菇精调味。
（2）将冬瓜改刀成2.5厘米见方的块。
（3）用刀将冬瓜的皮刮去，用刀在表面剞成密集的十字花刀。
（4）在平底锅中，放入少量色拉油，油温升至六成热时，将冬瓜生坯（瓜皮一面）抹上老抽，放入平底锅中，使之煎上色。
（5）将冬瓜放入卤汁中，上笼蒸8分钟，取出。
（6）将芋头切成宽约4厘米、厚约0.5厘米、高约0.3厘米的片。
（7）在素汤中，加入盐和蘑菇精，放入芋头片，上笼蒸5分钟取出。
（8）将冬瓜切成两层的片，镶入厚薄不一的芋头片，将其修成与冬瓜一样大小的生坯。
（9）用清水泡洗苔菜干，将素东坡肉生坯扎成十字形。
（10）将素东坡肉生坯放入卤汁中，继续上笼蒸8分钟左右，取出，摆放在盘中。
（11）取卤汁，勾芡，浇在素东坡肉上，菜胆用盐水烫一下，摆在肉边上点缀。

薄荷卷饼脆鳝

营养指南

　　立夏后气温渐高，心脏的工作强度日渐增大，所以饮食应以顺"心"为主。香菇富含多种酶和氨基酸，可以增强机体抵抗力，富含腺嘌呤、胆碱及一些核酸类物质，有利于预防动脉硬化和心血管病。夏季暑湿，会引起脾胃功能失调、消化不良，该菜肴配有夏季时令蔬果哈密瓜、西瓜和乳黄瓜等，具有生津止渴、除烦解暑、清热泻火、排毒通便的作用。

食材选择

主料：新鲜香菇150克（以8客计）。

辅料：越南春卷皮8张，土豆200克，哈密瓜条50克，西瓜条50克，乳黄瓜条30克，薄荷叶（汁）10克等。

调料：淮盐5克等。

技术关键

（1）香菇含水量太大，要中小火慢慢浸炸，才能使之酥脆。

（2）在给香菇拍粉时，一定要两种粉混合用，口感才会更加酥脆。

主要工艺流程

（1）将新鲜的香菇洗净，用剪刀修剪成长条形，放入水中，加老抽浸泡。

（2）土豆切成细丝，炸成土豆松，撒上淮盐，抖匀，摆放在盘子的底部。

（3）用干净抹布将香菇的水分吸干，加混合粉（生粉与面粉的比例为2∶1）拌匀，入油锅中炸至酥脆，即素脆鳝。

（4）葱花爆香，加入素脆鳝，撒入淮盐，拌匀。

（5）越南春卷皮撕开，上笼蒸一下，摆盘。配上哈密瓜条、西瓜条、乳黄瓜条和薄荷叶一起上桌。

菜品特色

薄薄的饼，酥脆的素鳝丝和土豆松，融入含水量较大的水果。

松茸浓汤伴烘香菇

营养指南

　　小满时节谷物开始渐渐饱满，此时提倡"未病先防"的养生观点。松茸富含天然活性多糖，能抑制癌细胞活性，预防癌症；可以促进胰岛素分泌，预防糖尿病；富含不饱和脂肪酸，能防止心脑血管病变发生。香菇本身肉质肥厚细嫩，味道鲜美，营养丰富。该菜肴搭配杏仁干和榛子等坚果，有助改善脑部营养，具有补脑健脑之作用。

食材选择

主料：新鲜香菇8个，松茸8只（以8客计）。
辅料：越南网皮4张，烤制的杏仁干20克等。
调料：菌汤1500克，菜籽油10克，洋葱30克，葱10克，盐4克，蘑菇精1克，东古酱油4克，生抽4克，老抽2克，白糖6克等。

技术关键

香菇要卤入味，烘干后才有味道。分子料理中的"烘干"，即我们常说的干燥。这种方法是利用空气来干燥物料，空气预先被加热后送入烘干机，将热量传递给物料，汽化物料中的水分，形成水蒸气，并随空气带出。物料经过加热干燥，能够除去其中的结合水分，达到产品或原料所要求的含水率。

主要工艺流程

　　（1）调制卤汁：锅中加入菜籽油，将洋葱和葱煸香，加菌汤，用生抽、老抽、东古酱油、白糖、蘑菇精调味。

　　（2）香菇在油锅中炸一下，放入卤汁中卤半小时，入味后取出。

　　（3）将香菇放入烘干机中（68℃）烘干，时间约为24小时，即水分风干，入口酥脆即可。

　　（4）将松茸洗净，切成厚片，放入菌汤中煮10分钟，兑入用菌菇粉调的汁，调味，用面粉勾芡，盛入盅内，摆放上松茸。

　　（5）将越南网皮炸成小的雀巢状，将烘干的香菇和杏仁干等摆放在"雀巢"中。

　　（6）一干一稀、一阴一阳的两种菜品，拼装在一个餐具上即可。

菜品特色

分子料理的香菇，口感脆酥，松茸汤，味鲜美浓厚。

松茸酱藕饼

营养指南

　　藕，凉血散血、清热解暑之药也。民间有小暑吃藕的习俗，藕中含有大量的碳水化合物及丰富的钙、磷、铁和多种维生素，具有清热、养血、除烦等功效，同时含有丰富的黏液蛋白和单宁酸，能够促进食欲，促进消化，开脾健胃。土豆含有大量的膳食纤维，可以促进胃肠道蠕动；含有丰富的钾元素，可以调节机体酸碱平衡，有降低血压的作用。

食材选择

主料：莲藕（花香藕）300克（以8客计，粗细一致）。

辅料：土豆（当季的荷兰土豆）200克，金钱草8颗等。

调料：松茸酱10克，色拉油10克，洋葱粒30克，葱花5克，盐4克，蘑菇精1克。

技术关键

（1）莲藕因其在荷花开时被采摘，被称为花香藕。这种莲藕由于早熟，避开了病虫害侵袭，晶莹剔透、洁白无瑕、脆嫩可口，每年六月上旬即可上市。"嫩、甜、香、脆"是它的特点。

（2）莲藕容易氧化发黑，在蒸制时，可以加入白醋，保持莲藕的白净。

主要工艺流程

（1）将莲藕洗净，去皮，放入笼中蒸熟。

（2）将莲藕修成粗细一致的圆形，顶刀切成厚片。将多余的莲藕切成小粒。

（3）将莲藕小粒在油锅中炸至酥香，取出。

（4）将土豆洗净，上笼蒸熟，去皮，将土豆揾成粗一点的泥。

（5）将洋葱粒、葱花煸香，下土豆泥、莲藕小粒，调味。

（6）在两片莲藕中，加入土豆泥，修成莲藕盒。

（7）用平底锅，将莲藕盒煎至表面酥脆。

（8）松茸酱加汤汁，调味后，勾薄芡，下入莲藕盒，晃锅，使之均匀。

（9）装盘，用金钱草点缀即可。

菜品特色

外酥香、内软糯，回味有自然的香甜。

杏鲍菇豇豆

营养指南

　　杏鲍菇味道鲜美，益气和胃，含有丰富的寡糖、膳食纤维、钾、钙、磷等营养素，可以促进人体脂类物质的消化吸收和胆固醇的溶解，是一种降脂、降压的食品。长豇豆理中益气、补肾健胃，富含蛋白质和多种氨基酸，食用可健脾胃，增进食欲。芒种时节，气温显著升高、雨量充沛、空气湿度大，常食此菜肴可以祛除体内的湿气，除烦解暑。

食材选择

主料：杏鲍菇200克，长豇豆200克。
调料：葱20克，姜20克，素鲍汁30克，料酒10克，老抽10克等。

技术关键

（1）用长豇豆卷杏鲍菇时，需扎紧以避免在后续操作中散开。
（2）烧制时注意观察长豇豆的颜色，烹饪时间在5分钟以内，长豇豆可以保持鲜艳绿色。

菜品特色

杏鲍菇口感爽滑，长豇豆口感脆爽，整道菜肴口感丰富，色香味俱全，是理想的素菜佳肴。

主要工艺流程

　　（1）将杏鲍菇切成长7厘米、宽3厘米、厚3厘米条状，将长豇豆焯水。
　　（2）用长豇豆将杏鲍菇条卷起制作造型，用六成热油温将杏鲍菇卷炸至定型。
　　（3）锅中余油加葱、姜、素鲍汁、料酒及少量矿泉水制作酱汁。
　　（4）将杏鲍菇卷和酱汁加入锅中，大火烧开后转中火，加入老抽调色并放入盐、味精、糖调味，收汁装盆。

八宝珍菌米汤

营养指南

　　夏季养生应多吃祛暑益气、生津止渴的食物。食用菌菇性味甘，具有清热解毒的功效，含有丰富的蛋白质、氨基酸及多种矿物质，可提高机体的免疫力和抗过敏能力，降压降脂。此菜肴搭配多种菌菇，味道鲜美、营养丰富，还能清热祛湿，健康一夏。

食材选择

主料：杏鲍菇、鸡腿菇、蟹味菇、牛肝菌、鸡纵菌、草菇、香菇、百灵菇（八宝珍菌合计60克），薄脆40克。

辅料：大米50克，糯米30克等。

调料：盐5克，胡椒粉3克，蘑菇精5克。

主要工艺流程

（1）将大米和糯米以1:1的比例煮成粥，用破壁机打成米汤，备用。

（2）将八宝珍菌切成粒，一并煸炒，加入盐、胡椒粉、蘑菇精等进行调味。

技术关键

用破壁机制作米汤时可使用细筛网过筛去渣使口感更细腻。

菜品特色

多种美味菌菇的复合味赋予朴素米汤更醇厚的香气。

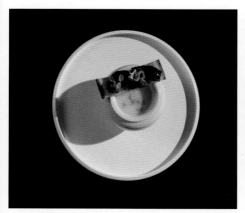

鲍汁素海参

营养指南

　　木耳被称为"素菜中的荤菜"，其蛋白质含量能与肉类媲美，所含的胶质能维持皮肤弹性，起到了延缓皮肤衰老的功效。木耳的含铁量极高，位居各类含铁食物的首位，是一种很好的补血食物。夏季饮食讲究调理脾胃，糯米性味甘温、入脾肾肺经，具有益气健脾、生津止汗的作用。该菜肴具有香糯味美、引人食欲之特点，是一种适合暑天食用的开胃消暑特色美食。

食材选择

主料：水发木耳20克。

辅料：水面筋2克，烧海苔1克，糯米50克等。

调料：盐8克，味精3克，糖8克，素鲍汁40克。

主要工艺流程

（1）木耳涨发后沥水制馅，搓成海参形状入油中炸至成型。

（2）最后将调好的素鲍汁浇在海参上即可。

技术关键

油温的掌握，搓制的成品。

菜品特色

口感软糯，形象逼真。

草莓雪葩

营养指南

　　立夏时节为夏之初，春之末，人体肝火旺盛，阳气升发。性凉的草莓可达到祛火、解暑、清热的作用。以草莓为主料的此款甜品，含有多种氨基酸、微量元素、维生素，能够调节免疫功能，增强机体免疫力。草莓中的花青素、维生素E具有较强的抗氧化能力，有助于延缓衰老、改善皮肤状态。搭配蓝莓鲜果，更能清凉祛湿，解暑止渴，是一款老少皆宜的消暑美食。

食材选择

主料：新鲜草莓400克。
辅料：薄荷叶等。
调料：糖100克、水300克、葡萄糖50克。

技术关键

（1）注意食用水的卫生安全，选用新鲜水果。
（2）控制好水果的加热温度。

主要工艺流程

　　（1）新鲜草莓400克加糖50克，搅拌均匀，保鲜膜密封，隔水加热闷30分钟，蒸馏出新鲜草莓汁，过筛，备用。
　　（2）草莓果茸、水、糖、葡萄糖加热，煮开，放到容器中放凉后，置入冰箱速冻。第二天用冰淇淋机打成雪葩（sorbet）。

菜品特色

色泽鲜艳，口感醇香，素食甜品。

丝滑豆腐巧克力

营养指南

暑天易伤津耗气，饮食应清补，养心养阳。豆腐含有大豆卵磷脂、优质蛋白、钙、铁、锌、硒等，有利于神经、血管以及大脑的生长发育，可以增强免疫力，强身健体。黑巧克力中多酚类天然抗氧化剂的含量较高，可对心血管发挥保护作用。豆腐和黑巧克力的完美搭配使本品成为一款适合在炎炎夏日食用的素食甜品。

食材选择

主料：嫩豆腐350克，黑巧克力150克。
辅料：可可粉80克，香草籽10克，装饰巧克力90克。
调料：水100克，盐8克，味精6克。

主要工艺流程

（1）把嫩豆腐350克焯水煮熟，放入容器中。
（2）把黑巧克力150克隔水加热，加入嫩豆腐搅拌均匀，加可可粉80克、盐8克、香草籽10克，搅拌均匀，冷冻成菜。

技术关键

两者搅拌均匀，比例控制好。

菜品特色

素食甜品，丝滑爽口。

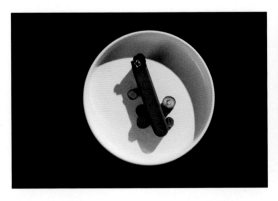

千层素脆耳

营养指南

　　小满，夏始生。天将入暑，气温陡增，宜食具有清热祛湿作用的清淡食物。白木耳有"菌中之冠"的美称，富含膳食纤维，低热量又有饱腹感，可以补肾、润肺、清热，富含胶质，有养颜美容之效。菌汤营养丰富，富含生物活性物质，可以强身补虚、健脾除湿，提高人体免疫力。这是一道美味可口，养颜又滋补的美味佳肴。

食材选择

主料：鲜白木耳500克。

辅料：葱10克，姜10克等。

调料（卤料汁）：菌汤500克，生抽10克，老抽10克，盐1.5克，味精2克，八角1颗，草果1颗（汤汁与凝胶比例12:1）。

主要工艺流程

（1）白木耳取一半焯水，捞出备用。

（2）另一半白木耳焯水，放入卤料汁中卤出颜色。

（3）鱼胶片化开，取一方盘，将双色白木耳一片片裹上鱼胶水，一层层整齐地码放在盘中，用盘子压好，置入冰箱冷藏2小时左右，取出改刀装盘即可。

技术关键

（1）卤白木耳时，颜色不可太深。

（2）素脆耳要压紧，不能松散。

菜品特色

口感爽脆，口味咸鲜。

珍菌石榴包

营养指南

暑天进补，冬病夏治，是夏季养生保健的一项重要举措。虫草花含有虫草多糖、超氧化物歧化酶、维生素E等物质，具有增强抵抗力、抗衰老的功效；松茸具有独特的浓郁香味，营养价值比较丰富，可以满足身体的营养元素需求；杏鲍菇菌肉肥厚，如鲍鱼的口感，营养丰富。此菜肴是上等的滋补佳品，具有滋阴润肺、益肝肾、补精髓、止血化痰的功效。

食材选择

主料：水发香菇20克，虫草花20克，杏鲍菇50克，松茸30克。

辅料：越南春卷皮8张，小葱15克，胡萝卜10克。

调料：素蚝油15克，盐10克，味精5克，料酒10克等。

技术关键

（1）主料炸后要控尽油，炒时要起香。

（2）包时应掌握好量，尽量与石榴大小一致。

（3）扎口要紧。

主要工艺流程

（1）将虫草花切3毫米段，其余主料切黄豆粒大小，五成热油温炸至表皮起皱。

（2）将胡萝卜焯水后切末，挤干水分，小葱略烫后过冷。

（3）将炸后的主料入锅加料酒、素蚝油、盐、味精炒香。

（4）越南春卷皮用味水略泡，包入主料，用香葱扎成石榴状，点缀上胡萝卜末即可。

菜品特色

形如石榴，口味鲜香。

苦瓜茭白双味粽

营养指南

  茭白富含膳食纤维、碳水化合物、多种维生素及矿物质，既能利尿祛水、润肠通便、美容养颜，又能清暑解烦而止渴。立夏之后，暑热潮湿之气渐重，养生宜多吃"苦"，苦瓜是暑天最佳的食物。苦瓜性凉，味甘苦，历来被老辈人称为"苦口良药"，具有清热败火、消暑祛痱的功效。

食材选择

主料：茭白300克，糯米100克。
辅料：水发香菇20克，胡萝卜15克，茭白20克，生姜5克，苦瓜50克，小葱50克。
调料：素蚝油10克，盐3克，味精5克，酱油5克，蜂蜜20克，红糖浆30克，水淀粉5克等。

技术关键

（1）茭白片厚度适宜，便于包制，要焯水去涩味，煨后口感更好。
（2）手法娴熟，包时馅的用量应掌握好，以便成品大小一致。

菜品特色

一菜双味，形色俱佳。

主要工艺流程

（1）将茭白去皮顺批成大薄片，焯水后，用味水略煨；糯米泡软蒸熟。
（2）辅料（除苦瓜、小葱外）切粒，炒香，拌入1/2糯米，加素蚝油、盐、味精、酱油拌匀，成馅A，苦瓜切粒焯水，与剩余1/2糯米、蜂蜜拌匀，成馅B；小葱略烫后过冷。
（3）用包粽子手法，取两片茭白分别包馅A、B，即成双味粽。
（4）蒸热，咸粽淋上咸鲜琉璃汁（水淀粉等调制），苦瓜粽蘸上红糖浆。

金汤芡实萝卜蒜

营养指南

　　暑天民间谚语有"头伏萝卜二伏菜，三伏还能种荞麦"，可见萝卜对身体的好处。萝卜被称为"自然消化剂"，可以促进机体对食物的吸收，保护肠胃。百合味甘性平，有润肺止咳、清心养阴的作用。芡实有补气、健脾、祛湿功效。此道菜肴搭配多种夏日新鲜食材，色彩缤纷，是一道老少皆宜的消暑解渴、润喉去燥、养胃生津的夏日美食。

食材选择

主料：萝卜（白萝卜）150克。

辅料：百合（兰州百合）1袋，芡实10克，豆腐20克，玉米15克，香菇10克，青豆5克，南瓜30克，香葱3克，薄荷叶2克，胡萝卜5克。

调料：盐5克，味精3克等。

主要工艺流程

（1）将萝卜刻成蒜头状，掏空，填入豆腐、玉米、香菇等调成的馅料。

（2）将南瓜制成蓉，百合、芡实制熟，备用。

（3）将酿好的萝卜蒜，上笼蒸透，淋芡汁，推入南瓜蓉中，撒上百合、芡实等，即可。

技术关键

（1）掌握雕刻萝卜的手法，大小均匀。

（2）馅料填入萝卜时，抹少许生粉。

菜品特色

形状逼真，口感软糯。

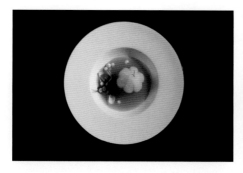

翻沙莲子配酿羊肚菌

营养指南

大暑时节阳气最为旺盛，根据中医四季养生的原则应重在养心。莲子可补五脏不足，通利十二经脉气血，具有补脾止泻、固肾涩精、养心安神的功效。羊肚菌香味独特，富含抑制肿瘤的多糖，抗菌、抗病毒的活性成分，具有增强机体免疫力、抗疲劳、抗病毒、抑制肿瘤等功效。山药和牛蒡都是健胃清热的食材。该菜肴是炎炎夏日的一道养生美食。

食材选择

主料：羊肚菌80克，莲子（鲜）50克。

辅料：山药（淮山药）50克，小胡萝卜30克，牛蒡丝80克。

调料：盐5克，味精3克，砂糖50克，抹茶粉20克等。

技术关键

（1）酿羊肚菌时，务必抹少许生粉。

（2）挂霜莲子时，务必掌握火候。

主要工艺流程

（1）将羊肚菌泡发，洗净改刀入味，将熟制的山药泥酿入其中，上笼蒸熟。

（2）将洗净的莲子洗净，拍生粉过油，然后挂霜，出锅后撒入抹茶粉，翻炒。

（3）将牛蒡丝过油炸制。

（4）将熟制的酿羊肚菌装盘，将翻沙莲子放在牛蒡丝上，装饰后即成。

菜品特色

口味清爽，具有药膳功效。

麻酱手工野菜如意卷

营养指南

　　大暑时分，气候炎热，心气亏耗，易中暑。马兰头和荠菜都是常见的野生菜，性凉味辛，属于微寒性食物，含有丰富的蛋白质、矿物质、维生素和膳食纤维等营养成分，具有清热解毒、润肠通便的功效。该菜肴不仅营养价值高，刺激食欲，还可有效缓解夏季燥热和中暑症状。

食材选择

主料：马兰头100克，荠菜100克，香干40克。

辅料：木薯粉20克，生粉20克，菠菜50克。

调料：盐3克，味精3克，麻油2克，麻酱5克。

技术关键

（1）菠菜汁要过滤，凉皮做好后要尽快过凉，保证颜色碧绿。

（2）拌馅时注意馅心的口味，不能太淡。麻酱最后挤上皮口，不能溢出来。

菜品特色

春绿盎然，皮卷弹韧，馅香四溢。

主要工艺流程

（1）将菠菜打成汁，备用。

（2）把木薯粉和生粉混合，加入菠菜汁调制成浆，锅中烧开水，将托盘放入水中，倒入调好的浆，摊平，在锅中烫一下后冲凉即可。

（3）将荠菜、马兰头焯水剁碎，香干剁碎后一起拌匀，再加入盐、味精等调味即可。

（4）将调好的馅料包入做好的凉皮中，将其整齐切好，装盘，挤上麻酱即可。

果仁烤贝贝南瓜

营养指南

　　夏季保养肌肤，南瓜尤为适宜，民间素有暑天吃南瓜的习惯。南瓜性温味甘，富含维生素、矿物质、精氨酸等多种营养成分，适宜长期食用，具有补中益气、抗炎止痛、解毒防暑的功效。南瓜与杏仁共烹，其食味淡中带甘，是一道简单而美味的夏日菜馔。

食材选择

主料：南瓜（贝贝南瓜）360克。

辅料：杏仁15克，大蒜10克，生姜5克，干葱5克。

调料：素蚝油20克，色拉油30克。

技术关键

（1）焗南瓜时，火不能太大。

（2）烤制时，注意时间和颜色。

菜品特色

酱香四溢，软糯适中。

主要工艺流程

　　（1）将南瓜清洗干净、去籽，改刀成方块，放入素蚝油腌制40分钟。

　　（2）将大蒜、生姜、干葱炸至金黄，放入高压锅内，上面铺竹垫，放入腌制好的南瓜。

　　（3）色拉油盖过南瓜，小火焗30分钟即可。杏仁剁碎，撒在焗好的南瓜上。放入烤箱（上火160℃、下火180℃），4分钟出炉，装盘即可。

甜豆糟卤牛肝菌

营养指南

　　入夏之后，昼长夜短，温度升高，能量消耗大，需及时补充营养物质。牛肝菌是珍稀菌类，香味独特、营养丰富，富含蛋白质、碳水化合物、维生素及钙、磷、铁等矿物质，有提高免疫、防病治病、强身健体的功能。香芹是药食两用的食材，性凉，具有利水消肿、清热解毒、平肝降压的功效。另外，胡萝卜的健康营养价值，也为这道夏日的菜式增色不少。

食材选择

主料：牛肝菌500克。

辅料：甜豆20克，香芹100克，胡萝卜80克。

调料：糟卤300克，素蚝油90克，盐10克，味精8克等。

主要工艺流程

（1）牛肝菌切片后用橄榄油煎制。

（2）加入香芹、胡萝卜等蔬菜，以素蚝油等调味。

（3）放入糟卤浸渍，甜豆加盐煮熟。

技术关键

牛肝菌煎制后加蔬菜卤两小时。

菜品特色

色泽金黄、鲜香滑嫩。

香草藕

营养指南

　　夏季吃藕既有利于降暑，又符合"夏养心"的食疗养生之道。藕性寒，甘凉入胃，富含蛋白质、铁、钙和膳食纤维，能消食止泻，开胃清热，保护血管，健脾养胃，是滋补佳珍。糯米粉营养丰富，为温补强壮食品，对食欲不佳、腹胀腹泻有一定缓解作用。多种缤纷水果粒的健康营养，与这道清淡的美食完美结合，非常适合在炎热的夏日食用。

食材选择

皮坯原料：藕粉（无糖）70克，糯米粉（水磨）30克，糖粉15克，冷水210克等。

调味原料：香草1根，白糖100克，桂花酱5克。

装饰原料：芒果粒，猕猴桃粒，草莓粒适量。

技术关键

（1）掌握好糯米粉、藕粉与水的比例。

（2）成品要放入冰箱冷藏定型，便于切制成型。

菜品特色

色彩悦目，风味独特。

主要工艺流程

（1）将藕粉70克、糯米粉30克、糖粉15克、冷水210克调成粉糊。

（2）不锈钢方盘中垫上油纸，将调好的粉糊倒入其中，上笼大火蒸20分钟至熟，取出冷却后，放入冰箱冷藏。

（3）冷藏30分钟后取出，改成2厘米见方的丁放入小碗中备用。

（4）锅中放入500克水，加桂花酱、香草、白糖共煮，待香草味融入水中后，将其分装在放有藕粒的小碗中，表面撒少量芒果粒、猕猴桃粒、草莓粒点缀。

马苏里拉苦瓜薯球

营养指南

夏至后，饮食要以清泄暑热、益气养血、补心安神为原则。苦瓜味苦、性寒，可以帮助人体祛除热气，达到消暑安神的效果。西蓝花含有丰富的蛋白质、矿物质、膳食纤维和多种活性成分，可以有益消化，防止便秘，调节血糖，保护肝脏等。杏鲍菇的醇厚香味和健康营养，也为这道夏日的菜式增色不少。

食材选择

主料：西蓝花200克，苦瓜100克，植物肉10颗，杏鲍菇200克。

辅料：土豆泥180克，面包糠200克，海苔60克，马苏里拉芝士120克。

调料：盐8克，味精6克，五香粉10克，白胡椒粉9克，生抽10克等。

主要工艺流程

（1）将苦瓜焯水，凉透切成丝，杏鲍菇切丝，海苔切碎，土豆蒸熟后与植物肉、马苏里拉芝士拌匀成酱。

（2）西蓝花焯水放入冰水中凉透，裹上酱制作成型。

（3）裹生粉糊拍面包糠炸至金黄皮脆。

技术关键

（1）西蓝花焯水放入冰水中凉透。

（2）油炸时注意控制火候，油温在130℃为宜。

菜品特色

色彩金黄、外面酥香。

酿西红柿

营养指南

芒种后，天气炎热潮湿，人们的食欲普遍不佳，脾胃功能较为减退，饮食方面应以健脾祛湿、清淡为主。芡实性平，富含多种营养物质，具有益肾、巩固肾精、补脾、祛除湿邪等功效。西红柿性甘酸微寒，含有番茄红素、维生素、膳食纤维、天然果胶等营养成分，能生津止渴、清热解毒、凉血养肝。此道菜肴色泽鲜明，清香爽口，是一道夏日必备佳肴。

食材选择

主料：西红柿150克。

辅料：芡实（鸡头米）20克，甜豆20克，冬瓜10克。

调料：盐2克，味精2克，生粉10克。

主要工艺流程

（1）将西红柿去皮后掏空。

（2）所有辅料焯水后调味，炒制后放入蒸制好的西红柿盅内即可。

技术关键

（1）西红柿蒸制时要掌握好时间。

（2）制作西红柿盅时，要保证形状完整。

菜品特色

色泽鲜明，清香爽口。

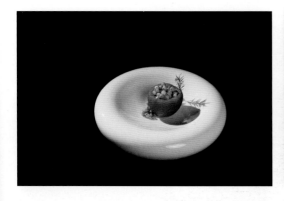

松茸一品清莲

营养指南

夏季归于五脏属心，适宜清补。豆腐营养丰富，为补益清热养生之品，常食可补中益气、清热润燥、生津止渴、清洁肠胃，是儿童、病弱者及老年人补充营养的食疗佳品，素有"植物肉"之美称。黄豆芽是寒性的食物，富含多种维生素，夏季食用能清热解暑，能增强人体抵抗力。此菜肴配有多种蔬菜，营养丰富，是一道清淡而美味的夏日菜馔。

食材选择

主料：豆腐5块（约700克）。

辅料：鸡蛋3个，青豆10克，发菜10克，竹荪少许，松茸1个，黄豆芽500克，娃娃菜300克，胡萝卜50克，香菇100克。

调料：盐10克，生粉20克。

主要工艺流程

（1）豆腐制成泥后，加入打发好的鸡蛋，放入模具后，点缀青豆制成莲蓬形状。

（2）黄豆芽、娃娃菜、香菇、胡萝卜熬成素高汤。

（3）将素高汤放入盅内，加入松茸上笼，蒸到1个小时后，加入制作好的"莲蓬"、"莲藕"（竹荪制成）上笼蒸3分钟即可。

技术关键

（1）汤菜要保持温度。

（2）"莲蓬"与"莲藕"的蒸制时间要控制好。

（3）素高汤的制作需要2个小时左右。

菜品特色

清莲滑嫩，味道醇正。

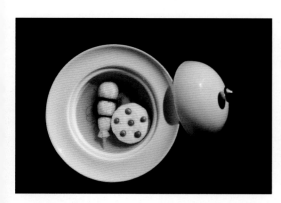

藜麦果蔬板栗卷

营养指南

　　暑热天气，人体新陈代谢增快，热量消耗大，应当及时补充蛋白质。藜麦有着"完美食材"之称，是全营养、完全蛋白、碱性食物，富含多种氨基酸。板栗含有丰富的不饱和脂肪酸、维生素和矿物质，是延缓衰老、滋阴补肾、延年益寿的滋补圣品。此菜肴色泽鲜艳，香甜可口，为老少皆宜的一道夏日美食。

食材选择

主料：南翔春卷皮6张。
辅料：三色藜麦100克，熟板栗60克，干秋葵50克，鸡蛋1个，色拉油1000克。
调料：沙拉酱120克。

技术关键

炸春卷皮的油温控制在五成热，过高容易炸煳。

菜品特色

外香脆，里软糯，口感香甜，形象独特。

主要工艺流程

　　（1）将南翔春卷皮从中间一分为二，改成长条，裹在特制不锈钢圆形长模具上（长10厘米、直径1.5厘米），用鸡蛋液封口，放入五成热油温中炸至金黄，捞出脱模备用。
　　（2）将三色藜麦提前泡好并蒸熟，将熟板栗切粒备用。
　　（3）将干秋葵放入破壁机打成末，备用。
　　（4）将蒸好的三色藜麦和切好的板栗放入碗中，加入沙拉酱拌匀，装入裱花袋后再挤入之前炸好的春卷筒中，两头用干秋葵末封口即可。
　　（5）将成品放入盘中装饰。

松鼠素鱼

营养指南

　　夏天烈日当头，酷暑炎炎，需防暑邪。茄子是夏季的时令蔬菜，从内而外消暑解热，可以预防夏季常见的痱子、疮疖等由暑邪导致的疾病。松子仁性平味甘，归肺、大肠经，含有大量不饱和脂肪酸，具有健脾通便、健脑补脑的功效。调料中的番茄、橙汁、糖醋汁等也为这道美味的夏日菜肴增添了鲜味。

食材选择

主料：长条茄子1000克。

辅料：松子仁20克等。

调料：番茄4个，糖醋汁100克，白糖80克，橙汁70克，白醋80克，干淀粉200克，盐10克等。

技术关键

（1）松鼠尾用斜刀和直刀，松鼠身用直刀法，花刀部分要均匀拍上干淀粉。

（2）炸制油温为220℃，要控制到位。

（3）番茄糖醋汁中油的比例要掌握好，并均匀熬制融入汁中，要求熬制的糖醋汁光亮又不出油。

菜品特色

外香酥脆、内鲜滑嫩、酸甜可口、色泽红润、造型逼真、风味独特。

主要工艺流程

（1）先分别将长条茄子去皮切成15厘米的长条状作松鼠尾，11厘米长条状作松鼠身，并分别改成网状十字花刀（约3/4深），再切6厘米长条状作松鼠头（花椒籽作松鼠眼），然后全部放入淡盐水中泡半小时（淡盐水比例是1千克水:20克盐）。

（2）将浸泡好的松鼠尾、身、头分别挤干水分，均匀地拍上干淀粉待用。另起锅放入色拉油，烧至220℃后，将拍上粉的茄子放入油锅中，炸制10秒左右，待外脆、定型后捞出沥油。

（3）另起锅，将白糖、番茄、糖醋汁、橙汁放入锅中，熬制烧开，再放入白醋，勾芡，浇上热油，熬制成泡状芡汁待用。

（4）另将炸过的茄子放入220℃油锅中，复炸5秒钟左右，成金黄香脆捞出，将其装入盆中，摆成松鼠状，最后再将熬好的番茄糖醋汁加热后浇在松鼠素鱼上，并均匀撒上松子仁即可。

明月伴素鲍

营养指南

　　夏令气候炎热，易伤津耗气。山药在养生中既能补气，又能养阴，不滞不腻，是补中气之上品。芦笋性寒味甘，富含蛋白质、多种维生素、钙、磷等，具有清热解毒、生津利水的功效。白灵菇色泽洁白，口感鲜嫩，含有不饱和脂肪酸、真菌多糖，能降低血脂、保护血管、增强人体免疫力。此菜肴鲜香味美，口感爽滑，可以帮助人体抵抗夏季的炎热。

食材选择

主料：白灵菇2000克。

辅料：山药500克，芦笋300克，胡萝卜350克，香菇50克。

调料：生姜20克，香菜叶50克，澄粉15克，盐5克，糯米粉15克，糖50克，红烧酱油50克，味极鲜30克，鸡粉10克，素蚝油50克，清水500克等。

技术关键

（1）白灵菇用刀刻成鲍鱼状十字花刀。

（2）素鲍鱼下油锅，油温控制在250℃，炸至金黄色。

菜品特色

造型优雅、形状逼真、营养搭配合理。

主要工艺流程

　　（1）将白灵菇用模具刻成鲍鱼状（素鲍鱼），并打上十字花刀。

　　（2）把山药去皮洗净后打成茸，再放入澄粉15克、盐5克、糯米粉15克，搅拌上劲，分别放入涂上色拉油的酱油碟中。

　　（3）将胡萝卜刻成小球状（约8克/个），焯水后，一分为二，分别放入酱油碟中间，然后在酱油碟山药茸面上方点缀香菜叶、香菇丝、胡萝卜茸成明月状，上蒸锅蒸5分钟成熟后取出待用。

　　（4）另将素鲍鱼下油锅（油温250℃）炸至金黄色，然后再将生姜片也炸至金黄色，将炸好的生姜片放入锅中，加入清水500克、素蚝油50克、糖50克、红烧酱油50克、味极鲜30克、鸡粉10克和炸好的素鲍鱼一起烧开后，装入盆中上蒸笼蒸1小时，再放入锅中烧制，收汁成琉璃状。

　　（5）芦笋改刀成6厘米长段，焯水待用。然后将烧制好的素鲍鱼装入盘中，再把蒸好的明月和焯水的芦笋分别放入素鲍鱼盘中，即可。

椰奶冻

营养指南

　　夏季火旺，与心的功能相符，心主血脉，藏神，故夏应当养心。中医有"五色入五脏"的养生理念，红色食物入心，而红豆能带动血液循环，可以保护心血管。椰浆中含有丰富的钾和精氨酸，有益于血管和保护心脏，可以生津止渴、消暑解热。牛奶味甘、性微寒，有润肺胃、生津、通便、补虚等功效。该甜点在夏日食用，能清热解毒、养血益脾、补心安神，具有非常好的滋养作用。

食材选择

主料：椰浆100克，牛奶100克，红豆沙100克，小元宵50克，吉利丁片50克。
辅料：桂花酱10克，樱桃2个。
调料：糖100克等。

技术关键

小元宵必须煮透，并尽快用冰水冷却。

菜品特色

椰香浓郁，香滑可口。

主要工艺流程

（1）椰浆加牛奶烧热，加糖，加吉利丁片（原料一）。
（2）红豆沙加水烧热，加糖，加吉利丁片（原料二），小元宵煮熟过冷。
（3）在餐具中加入一半的原料二，凝固后再加入原料一，凝固后在上面放上小元宵，最后淋上桂花酱，放上樱桃点缀即可。

秋风瑟瑟，落叶纷纷，大雁南归，"自古逢秋悲寂寥"，秋天是个容易让人伤感的季节，古人的"秋后算账""秋后问斩"更是让这个季节带有些许肃杀之气。但秋天同时也是一个收获的季节，物产丰富，硕果累累，人们尽情享受着大自然的馈赠。秋应肺而养收，秋季燥气当令，易伤津液，故饮食以滋阴润肺为宜。

　　立秋时，暑热并未散退，民间提倡"燥而润之""注重养收"，因而如西瓜之类的寒凉食物此时就不宜多吃了，所以民间便有"啃秋"的习俗，立秋啃瓜在人们心里有依依作别之意。立秋日民间流行悬秤称重，与立夏时相较，以检视肥瘦，然后开始贴秋膘，以弥补夏天虚空的身体。

　　"七月中，处，止也，暑气至此而止矣。"处暑以后才开始出现秋高气爽的天气。南京习俗"处暑送鸭，无病各家"，北京人喜欢买处暑百合鸭。葫芦鸭等菜品既顺应了时节，又有福禄的喜庆之意。茄子因能降火除秋燥，也是秋季广受欢迎的时蔬。

　　白露秋分夜，一夜凉一夜。秋风吹走了高温，也吹干了空气中的水分，中医称秋燥，进补宜润补。白露前后滋补身体，民间称为"补露"。浙江温州一带采集十种名字里带"白"字的中药材，如白木槿、白毛苦菜等，称"十样白"。南京人同样也讲究十样白，如茭白、茨菰、荸荠、菱角、芡实等。这些不仅名字带白，与白露暗合，还有清润止咳的实际功效。北方地区有白露吃番薯的习俗，吃番薯饭后不仅不会感到胃反酸，还寓意多子多福。

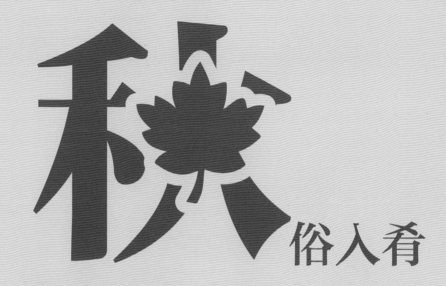

秋俗人肴

　　秋高气爽、丹桂飘香，秋分是美好宜人的时节。昼夜在此均分，此后，白天逐渐变短，黑夜越来越长。秋分有祭月、拜神、吃秋汤的习俗。拜月时会在庭院中摆上供桌，桌上供奉香烛、月饼、菱角、石榴等。火红的石榴象征着团团圆圆，多子多孙，寓意丰满。"栗子甘甜美芋头"，栗子和芋饼也是秋分时的应季食品。

　　气温继续下降，地面的露水快要凝结成霜，鸿雁南迁，菊花绽放。民间有"寒露吃芝麻"的习俗，有芝麻糊、芝麻酥、芝麻烧饼，还有谚语"芝麻绿豆糕，吃了不长包"。菊，可观赏亦可食，秋菊落英，食之高洁。菊是"延寿客"，菊是"不老草"，具有延年益气、祛除邪气之功效。寒露前后用菊花做的食物和饮品开始登场，有文献记载"重阳，登高，啖花糕，酌菊酒。"因"高"与"糕"谐音，故应节糕点谓之"重阳花糕"，寓意"步步高升"。

　　气温开始骤降，霜降之时草木枯黄，百谷登，百果实。经过霜打的蔬菜味道更加鲜美，白居易有诗云："浓霜打白菜，霜威空自严。不见菜心死，翻教菜心甜。""霜打柿子红如火"，柿子是霜降节气里最喜庆的一道风景，民间有"霜降吃柿子，不会流鼻涕"的说法。《本草纲目》中记载"柿乃脾、肺血分之果也。其味甘而气平，性涩而能收，故有健脾涩肠、治嗽止血之功。"

白果滑鸡丁

营养指南

　　俗语："入夏无病三分虚"，秋季正是补益虚气、养神收敛的好时节，故此道菜肴选择具有和中益气、解热止渴功效，且有"素菜之王"称号的水面筋为主料，辅以具有化痰、止咳、平喘功效的白果。此道菜肴不仅符合白露时节采集"十样白"的习俗，在烹饪方式上也选用最简单的烹炒方法，激发食材原始本真的味道，是一道美味的秋季养生佳品。

食材选择

主料：水面筋200克。

辅料：鲜白果100克，青、红椒50克。

调料：盐2克，糖20克，醋40克。

主要工艺流程

（1）将水面筋用手撕成小丁，调味。

（2）鲜百果、水面筋分别下锅划油。

（3）炒锅上火加入糖，醋，水面筋，鲜白果，青、红椒翻炒均匀即可。

技术关键

水面筋划油。

菜品特色

入口滑嫩，酸甜可口。

玉珠黄耳汤

营养指南

　　古有俗语"立冬补冬，补嘴空。"秋季阳气渐收，阴气生长，是绝佳的进补时节。此道菜肴将具有化痰止咳、定喘调气、清心补脑功效的黄耳，有"小人参"之称的胡萝卜以及羊肚菌等多种菌类一起炖煮，将菌菇的美味与营养精华浓缩于汤中。因黄耳褶皱的形状似饺子，因此也顺应了立冬吃饺子的习俗，是一道美味的立冬节气汤。

食材选择

主料：超级生粉50克，胡萝卜10克，黄耳20克，羊肚菌1个。

辅料：白玉菇10克，蘑菇1个，新鲜虫草花3克等。

调料：盐3克，蘑菇精2克，糖2克，水400克。

技术关键

（1）超级生粉糊要不停搅拌防止煳底，为保证成厚糊状，离火后要保温。

（2）超级生粉糊放入模具后要迅速放入冰水里，成形后取出。

（3）菌菇要洗净，防止有泥沙。

主要工艺流程

（1）胡萝卜用小挖球器挖成小球，焯水备用。

（2）黄耳和羊肚菌泡发好后，与辅料一同洗净、焯水，放入汤盅里加入200克水，蒸1小时后取出调味。

（3）取200克水烧开，把超级生粉调成水淀粉，慢慢注入开水里不停搅拌，待其成厚糊状离火后保温，把超级生粉糊放入鸽蛋模具里，再酿入胡萝卜小球，最后把模具放入冰水里成型，取出后即为素鸽蛋。

（4）把素鸽蛋放入汤盅里蒸30分钟即可。

菜品特色

汤色澄清，口味鲜醇，素鸽蛋色白透明。

猴头扒素鲍

营养指南

　　秋季是收敛的季节，自古便有"秋收冬藏"一说，秋季也是提升人体免疫力的好时节。此道菜肴选用含有多种氨基酸、食用和药用价值都很高的珍稀食用菌——白灵菇作为主料，辅以八大山珍之一的猴头菇，烹饪方式上选用对营养素保护最好的蒸制，最大限度保留了菌菇的营养价值，是一道名贵的药食同源菜肴。

食材选择

主料：白灵菇750克。
辅料：猴头菇150克等。
调料：素蚝油50克，素鲍汁50克，糖50克。

主要工艺流程

（1）将白灵菇雕成鲍鱼形状（素鲍鱼），炸制，再加入料汁蒸制。
（2）将猴头菇切片，扣入小碗中，中间加入料汁，上笼蒸制。
（3）将"猴头"扣入盘中，素鲍鱼围边即可。

技术关键

白灵菇、猴头菇要蒸透。

菜品特色

成菜大气、香糯、滑爽。

慢烤金药慢脆

营养指南

　　古语有"秋食白食，滋阴润肺"的说法，秋季注重补益肺气，宜多吃白色食物。故此道菜肴选择具有补中益气和健脾补肺功效的山药、具有通便助消化作用的蜜薯为主料，辅以富含柠檬酸和维生素C的澳洲指橙，在烹饪方式上中西合璧。此道菜肴符合秋季吃"白"的习俗，可滋阴养肺、舒缓秋燥，是一道健康美味的秋令菜点。

食材选择

主料：山药（焦作铁棍山药）100克，蜜薯（山东蜜薯）100克，马苏里拉芝士150克。

辅料：澳洲指橙30克。

调料：糖10克。

主要工艺流程

（1）将山药洗净，用蒸箱蒸20分钟，蒸好的山药用刀压成泥。

（2）蜜薯切条后入油锅炸香。

（3）马苏里拉芝士微波加热后放入模具盒定型。

（4）山药泥加糖调味，蜜薯条分别放入芝士薄脆盏，上放澳洲指橙粒即可。

技术关键

薄脆盏易碎且薄，制成后应尽快食用。

菜品特色

口感独特，奶味香浓。

秋茄珊瑚鱼

营养指南

　　民间谚语道："立夏栽茄子，立秋吃茄子"。茄子中含有皂苷类化合物、维生素E等活性成分，具有很好的抗疲劳、降血脂、抗氧化功效，同时富含维生素P，可增强人体毛细血管的弹性，防止血管破裂。茄子还可清热解毒，最适宜秋季润肺去燥时食用。此道菜肴选用秋茄，辅以富含卵磷脂的鸡蛋黄制成，既顺应立秋啃茄子的习俗，也在造型、味道、营养方面独具一格。

食材选择

主料：秋茄500克。
辅料：干生粉500克，鸡蛋黄液25克。
调料：盐5克，味精5克，料酒10克，番茄酱50克，白糖30克，白醋15克等。

技术关键

（1）要求刀工精细，粗细均匀。
（2）炸制时注意造型，炸至成珊瑚形。
（3）糖醋汁调制时应把控好黏度。

主要工艺流程

（1）将秋茄剞上花刀。
（2）用盐腌制剞好花刀的秋茄，挤出水分，加入少许鸡蛋黄液拌匀，拍上干生粉。
（3）锅中放油烧至六成热，将拍过干生粉的秋茄放入油中炸至成珊瑚形（珊瑚鱼）。
（4）锅中放油，将番茄酱炒制，加水、白糖、白醋等，勾芡调制成糖醋汁。
（5）将糖醋汁浇淋到珊瑚鱼上。

菜品特色

形似珊瑚，色泽红亮，质地酥脆，口味酸甜。

蜂巢荔芋鲜带

营养指南

　　芋头既是药食同源的好食材，也是秋季滋阴养胃的佳品。本道菜肴选用上好的荔浦芋头，辅以补中益气且被称为"神仙之食"的山药，炸制成蜂巢状，极具艺术性。顺应秋分时节吃芋头，谐音寓意"运来"，是一道可增强免疫力，助益消化的养生菜点。

食材选择

主料：荔浦芋头220克，铁棍山药100克。
辅料：澄粉110克。
调料：色拉油50克，食用臭粉2克，开水100克，白糖15克，盐3克。

技术关键

（1）选料讲究，荔浦芋头质地粉糯。
（2）炸制时控制好油温，应控制在三至四成热，不宜过高或过低。

菜品特色

形似蜂巢，色泽金黄，质地香酥，口味甜咸。

主要工艺流程

　　（1）将荔浦芋头去皮切块，上笼蒸至软烂。
　　（2）将铁棍山药去皮焯水，冲凉后改刀成圆形，形似鲜带子。
　　（3）将荔浦芋头加入澄粉、色拉油、食用臭粉、白糖、盐调和成荔芋泥。
　　（4）将荔芋泥挤成20克大小的剂子，内包圆形山药厚片，制成棋子形状生坯。
　　（5）锅中放油烧至五成热，将荔芋生坯放入锅中炸制成蜂巢状。

酸汤素鱼唇

营养指南

　　秋气之燥易伤肺，应养阴润燥，保持阴平阳秘。故此道菜采用以素代荤的办法，采用碳水化合物吸收和利用率都比较高的生粉，富含植物蛋白质的面粉制作成素鱼唇，并用酸汤浇汁，不仅口感软滑、有韧性，而且酸爽开胃，能够补中益气、提高免疫力，顺应了秋季养阴润燥的养生规律，是一道老少皆宜的健脾开胃菜点。

食材选择

主料：生粉225克。

辅料：鸡蛋5个（取鸡蛋清），面粉25克。

调料：色拉油15克，酸汤汁200克，辣椒酱50克，黄椒酱30克，野山椒30克，番茄酱20克，白糖15克，精盐3克。

技术关键

（1）面糊要调制上劲。

（2）制作鱼唇状面皮时选择大号裱花嘴。

菜品特色

面皮形似鱼唇，素鱼唇软滑有韧性，酸汤色泽红亮，口味酸辣甜。

主要工艺流程

（1）将生粉、面粉加鸡蛋清、色拉油调制成半流质面糊。

（2）将面糊装入裱花袋中，用裱花嘴挤成鱼唇状面皮。

（3）用酸汤汁、辣椒酱、黄椒酱、野山椒、番茄酱、白糖、精盐调成酸汤，用汤筛过滤后装入汤盅内。

（4）将鱼唇状面皮加热后放入酸汤中即可。

蟹黄狮子头

营养指南

　　白露时节阴气渐重，昼夜温差大，饮食宜清淡。此道菜以素代荤，采用具有益肾固元功效、俗称"水中人参"的鸡头米，具有补中益气、清热润燥功效的老豆腐，能够安中养脾的板栗，辅以山药、胡萝卜、菜心等食材，颇有江南水乡的缱绻滋味。在烹饪方式上选用炖煮，不仅口感清爽，营养素保留度也较好，是一道健脾祛湿的白露节气清润料理。

食材选择

主料：鸡头米（芡实）100克，老豆腐75克，山药100克，板栗100克。

辅料：胡萝卜75克，高精生粉15克，鸡蛋1个（取鸡蛋清），菜心6棵等。

调料：素上汤750克，精盐15克，味精10克。

技术关键

（1）制作狮子头料时要调制上劲。
（2）炖制时间不宜过长。

菜品特色

形似狮子头，质地软嫩，口味咸鲜。

主要工艺流程

　　（1）将老豆腐焯水去其豆腥味，挤干水分制成豆腐泥，板栗煮熟去壳切成绿豆大小的粒状（似瘦肉粒），山药去皮切成黄豆大小，与鸡头米分别焯水备用（似肥肉粒）；胡萝卜煮熟切成大胡萝卜粒似蟹黄。

　　（2）将豆腐泥、板栗粒、山药粒、鸡头米粒加精盐、味精、高精生粉、鸡蛋清调和成狮子头料。

　　（3）狮子头料加入素蟹黄挤成75克大小的圆子。

　　（4）锅中放入素上汤，将做好的狮子头逐一放入汤中余熟，改小火炖制25分钟调味，最后用菜心点缀装入砂盅中即可。

碧绿素腰花

营养指南

　　俗话说，"秋吃菌，赛过参"。菌菇鲜美如肉，不仅热量极低，而且营养丰富，不会增加胃肠道的负担。此道菜肴选用富含多糖、有"植物鲍鱼"之称的杏鲍菇作为主料，辅以富含纤维素和硒元素的芦笋、能够敛肺定喘的白果，在烹饪方式上选择简单烹炒，顺应秋季进补以养阴润燥相宜的规律，是一道美味与营养兼具的秋季菜肴。

食材选择

主料：杏鲍菇200克。

辅料：芦笋150克，白果（鲜）50克等。

调料：糖5克，盐1克，味精2克，生抽2克。

主要工艺流程

（1）杏鲍菇改刀成麦穗状（素腰花），过水，炸制成型。

（2）调汁，加入素腰花翻炒装盘。

技术关键

花刀粗细均匀。

菜品特色

色泽亮丽，口味鲜香。

金秋柿子

营养指南

俗语有："秋天到，南瓜俏"，经过一个夏天的日照和生长，南瓜吸收了一季的天地精华，至秋分，南瓜迎来了营养最丰富、味道最佳的时候。南瓜中含有活性蛋白、类胡萝卜素以及人体所必需的多种微量元素，食用后可增强机体免疫力，对改善秋燥症状大有裨益。此道菜肴选用南瓜作为主料，辅以"小人参"胡萝卜，润肺和脾的糯米粉，制成柿子形状的面团，顺应霜降时节吃柿子的习俗，是一道健脾养胃的秋季点心。

食材选择

皮坯原料：小金瓜100克，胡萝卜130克，水磨糯米粉200克，水磨黏米粉20克，澄粉30克。

馅心原料：松子仁40克，瓜子仁40克，柿饼20克，蔓越莓20克，黑芝麻60克，白芝麻30克，熟糯米粉100克。

调味原料：糖粉150克，花生油100克，椒盐3克，鲜柿子汁20克。

技术关键

（1）注意面团调制的软硬度，保持柿子不易变形。

（2）果料熟处理时，要控制好火候与时间。

（3）控制好熟制的时间。

菜品特色

造型逼真，香甜软糯。

主要工艺流程

（1）面团调制：小金瓜、胡萝卜分别去皮切片，上笼蒸熟擦成泥，与水磨糯米粉、水磨黏米粉、澄粉拌和在一起调成软硬适中的面团。

（2）制馅：松子仁、瓜子仁入油锅炸至金黄色至熟，沥干油后切碎；黑芝麻、白芝麻炒熟碾碎；柿饼、蔓越莓剁碎；所有加工好的果料混和在一起，加熟糯米粉、糖粉、花生油、椒盐、鲜柿子汁拌匀成馅。

（3）成型：取面团20克包入15克馅心，捏成柿子形生坯，在顶部装上柿子柄。

（4）成熟：生坯放入笼中，蒸6分钟至熟。

茶香秋韵

营养指南

　　寒露养生注重"养、收"，滋养阴精、收敛阳气。此道菜采用可疏风清热、平肝明目的可食菊花，辅以具有补中益气、温肾壮阳功效的鹰嘴豆泥，在烹饪方法上采用新颖的液氮速冻技术，最大限度地锁住食材中的营养成分。此菜肴顺应寒露时节饮菊花酒的习俗，是一道赏心悦目的秋季新菜。

食材选择

主料：可食菊花1朵，雏菊2克。

辅料：鹰嘴豆泥15克，液氮2升等。

调料：沙拉酱15克，盐2克。

技术关键

（1）制作时需穿戴防护用具，避免被液氮灼伤。

（2）鹰嘴豆泥制作时不能太稀，裹鹰嘴豆泥时需均匀。

菜品特色

形态完整，咸甜适中。

主要工艺流程

（1）可食菊花清理杂叶并用清水清洗后，用盐水浸泡、除菌备用。

（2）鹰嘴豆泥加热调味后冷却备用。

（3）准备防护用具，将液氮倒入锅中。

（4）可食菊花吸干水分，裹鹰嘴豆泥入液氮冷炸1分钟后取出。

（5）淋沙拉酱配菊花茶装盘并装饰。

珍菌番茄素雪窝

营养指南

　　处暑时节暑气渐退，秋意愈浓，湿气仍盛而燥气初生，很适合食用冬瓜。冬瓜既可清热解暑、利水消肿、滋阴生津，还能降低胆固醇、防止动脉粥样硬化。配以富含番茄红素、有机酸、维生素C的番茄，在烹饪方式上选择蒸制，不仅口感鲜美又舒爽，而且最大限度保留营养素。此道菜顺应了处暑吃"三宝"（鸭子、秋藕、冬瓜）的习俗，是一道秋季清热解毒的美食佳品。

食材选择

主料：冬瓜50克，番茄1只（120克）。
辅料：蘑菇50克，泡好的桃胶20克，牛奶50克，面粉10克，生粉100克，食用金箔少许，装饰花草适量。
调料：盐2克，菌菇粉5克，色拉油10克。

技术关键

（1）处理冬瓜时，刀工讲究粗细均匀，拍粉前一定要控干水分；过凉时应迅速。
（2）热面酱加冷汤汁不易结团，更细腻。
（3）菌菇原汁原味，可加入黑松露提升档次。

主要工艺流程

（1）番茄去皮，挖去籽和瓤，镂空待用。
（2）冬瓜去皮去瓤切成0.2厘米左右均匀的细丝，用生粉拌制裹匀，入开水烫熟至透明状捞起，立即放入冰水中迅速凉透捞出，用盐水浸泡待用。泡好的桃胶烫透备用。
（3）将做好的素燕窝（冬瓜丝）、桃胶酿入番茄，蒸制3分钟。
（4）蘑菇切块，下锅煸炒2分钟起香，加水煮10~15分钟，入搅拌机打成蘑菇汁。
（5）面粉、色拉油煸炒成面酱，加入烧好的蘑菇汁，烧开搅匀成流质状汤汁，可加适当牛奶、盐、菌菇粉调味。
（6）蒸透的番茄燕窝装盘，浇珍菌汁，点缀食用金箔、花草即可。

菜品特色

中西合璧，菌味浓郁，口感滑爽，素燕窝酿入番茄中，好似金屋藏娇，多了几分神秘感。

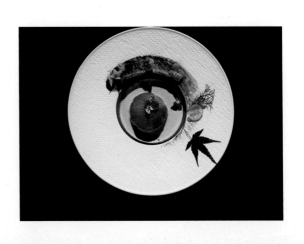

松茸秋葵天妇罗

营养指南

　　松茸被誉为世界上珍贵的天然药用菌类，其珍贵之处在于无法人工大量栽培，加上采收困难，所以价格昂贵。而新鲜的松茸只在秋天采摘，此时不仅能品味到新鲜松茸独有的爽滑口感，而且新鲜的松茸更具进补疗效。松茸含有双链松茸多糖、松茸多肽和松茸醇等活性物质，具有提高免疫力、抗肿瘤、抗衰养颜等多重功效，以健胃肠、滋补阴阳的秋葵为配料，是一道名贵的药食同源秋令佳肴。

食材选择

主料：松茸（鲜）100克，秋葵100克。
辅料：山药80克，芋苗80克，樱桃番茄20克，紫菜2张，梅子酱20克，松子仁10克，紫苏叶10克，萝卜50克，生姜20克，天妇罗粉600克，鸡蛋黄2个等。
调料：浓口酱油20克，味酥（味淋）20克，抹茶盐20克等。

技术关键

油温控制在160~190℃，天妇罗糊要掌握好稀稠度。

菜品特色

外脆里嫩，口味鲜、咸、酸，蔬菜荤做，做法仿带鱼。松茸珍品，秋令佳肴。

主要工艺流程

（1）调天妇罗糊、天汁：鸡蛋黄2个，冰水700克，天妇罗粉600克调成天妇罗糊。浓口酱油、味酥加100克水调成天汁。萝卜、生姜擦泥待用。

（2）松茸切片待用，山药、芋苗蒸透压成芋泥，加入松子仁、梅子酱调味备用，秋葵焯水与樱桃番茄一起待用。

（3）紫苏叶平铺加紫菜，抹上一层芋泥加秋葵，卷起。

（4）将松茸、芋泥秋葵紫菜卷、樱桃番茄分别拍粉，裹上天妇罗糊下170℃油锅炸熟。炸脆后，上色起锅。

（5）装饰点缀装盘即可。蘸萝卜泥、生姜泥、抹茶盐和天汁。

红酒煎素鹅肝

营养指南

　　民间素有"金秋豆腐似人参"之说，豆腐的营养价值极高，富含甾固醇、豆甾醇、大豆异黄酮等生物活性成分，具有抑制癌细胞生长，维持体内雌激素水平，缓解更年期症状，预防骨质疏松症的作用。辅以能够提高机体免疫力的芋头，具有清肺润燥、镇痛安神的酸味百香果汁，顺应立秋后宜食酸的习俗，是一道西式与中式烹饪融合的营养美味佳品。

食材选择

主料：老豆腐200克，蘑菇20克，果仁20克，香芹10克，红心火龙果汁10克，荔浦芋头60克。

辅料：水晶梨1个，吐司1片。

调料：红酒50克，蓝莓酱20克，冰糖20克，百香果酱20克，盐5克，味精2克，素蚝油10克，白糖20克。

技术关键

豆腐一定要用老豆腐，其纹理与鹅肝相似，又便于填酿芋泥。

菜品特色

外脆里嫩，红酒与果味交融。

主要工艺流程

（1）将红酒与蓝莓酱混合，并将其粉碎，制成红酒蓝莓酱。

（2）将红酒、冰糖、红心火龙果汁上火融合，冷却。水晶梨去皮切厚片，放入浸泡入味。

（3）荔浦芋头蒸制成泥状，加入香芹粒、蘑菇粒、果仁碎，用盐、味精、素蚝油、白糖调味。

（4）将老豆腐改刀成鹅肝形状，下油锅炸成金黄色，捞起，开口将壳内豆腐掏出，填入芋泥后成型。

（5）吐司烤成金黄，素鹅肝煎脆，按图装盘，淋百香果酱即可。

素响油鳝糊

营养指南

　　一场秋雨一场寒，秋季适合鲜味进补。此道菜选用素有"山珍之王""菇中皇后"之称的鲜香菇。鲜香菇是一种食药同源的食物，其富含香菇多糖、香菇嘌呤等活性物质，具有预防肿瘤、抗血栓、提升免疫力的功效。烹饪方式选择简单的翻炒，最大限度保留香菇中的活性物质。此道菜肴顺应白露时节的习俗，是一道美味与营养兼具的养生菜肴。

食材选择

主料：香菇（鲜）150克。

辅料：香芹10克，生姜10克，彩椒10克，果仁5克。

调料：盐10克，味精10克，老抽10克，白糖10克，素蚝油10克，生粉50克，胡椒粉2克，麻油10克。

主要工艺流程

（1）将香菇汆水，冷却后，沿外圈用剪刀，剪成鳝鱼丝一样的条状。将剪好的香菇条用盐、味精抓浆。

（2）将浆好的香菇条滑油，留底油。生姜爆香，下香菇条，香菇汁用盐、味精、老抽、白糖、素蚝油调味，勾芡装盘。

（3）将果仁碎、胡椒粉撒在素鳝丝上，再将香芹丝、彩椒丝、生姜丝摆在盘中央，用麻油炸香即可。

技术关键

煎鲜香菇时掌握好火候。

菜品特色

色泽油亮，香味浓郁，蔬菜荤做，开胃健脾，油润不腻，新鲜可口。

蜜酱香烤嫩豆腐

营养指南

　　秋意浓，燥气盛，秋季应该注重润补。有"鱼生火肉生痰，青菜豆腐保平安"的谚语。豆腐素有"植物肉"之美称，富含磷脂、丰富的优质蛋白以及铁、磷、镁等人体所必需的微量元素和钙，能够调节血清胆固醇，降低血脂，改善大肠功能，是一道补益清热的养生菜肴。此菜肴顺应立秋节气"吃秋渣"的习俗，在清淡的食物中，返璞归真，收获平和喜悦。

食材选择

主料：豆腐100克。

辅料：小葱5克，五角花1朵等。

调料：生抽2克，老抽2克，白糖3克，味精2克，素高汤80克，生粉5克。

主要工艺流程

（1）将100克豆腐用油煎至两面金黄。

（2）煎好的豆腐加入素高汤及调料，小火煨入味，收汁。

（3）小葱切丝后用冰水冰一下，放在豆腐上面即可。

技术关键

收汁一定要亮，芡汁不能太厚。

菜品特色

色泽金黄、入口软糯。

脆炸九年百合

营养指南

　　秋季时令主气为"燥"，秋季饮食以润燥为当务之急。"月映九微火，风吹百合香。"百合属于秋季白色食物中的极品，不仅味道甘甜、口感顺滑，而且富含秋水仙碱等多种生物碱，具有养阴润肺、清心安神、抗癌防癌、养胃降燥的功效。本菜肴即选用兰州百合炸制而成，顺应白露节气吃"三白"（白萝卜、百合、白豆腐）的习俗，是一道清心安神、润肺解渴的美味佳品。

食材选择

主料：兰州百合80克。

辅料：面粉30克，色拉油200克，猪油10克，生粉10克。

调料：盐2克，味精2克，糖5克。

主要工艺流程

（1）将百合洗净，用蒸箱蒸20分钟，蒸好的百合用刀压成泥。

（2）面粉30克、猪油10克、生粉10克加入调味品调成糊状。

（3）锅中放入色拉油烧至六成热，百合泥搓成球，裹上调好的糊炸2分钟起蜂窝状。

（4）炸好的百合装盘点缀即可。

技术关键

（1）炸百合的时候油温不能过高。

（2）调好的糊放入冰箱15分钟后使用。

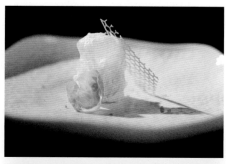

菜品特色

色彩洁白、外脆里糯、营养丰富、质地软嫩。

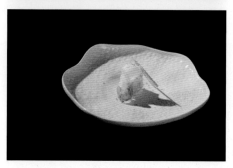

象形素葫芦鸭

营养指南

　　初秋时节人体脾胃内虚，讲究"清补"，饮食应以健脾胃、补中气为主。竹荪被誉为"四珍"（竹荪、猴头、香菇、银耳）之首，含有丰富的氨基酸、维生素、矿物质等，具有滋补强壮、益气补脑、抗癌防癌、提高机体免疫力的功效。而薏仁米渗而不峻，补而不腻，秋季食用对身体大有好处。此道菜将两者配伍，搭配补中益气、健脾止泻的糯米，不仅香味浓郁，滋味鲜美，而且是一道滋补强壮、益气补脑的美味菜肴。

食材选择

主料：竹荪5克。

辅料：香菇5克，松茸5克，羊肚菌2只，薏仁米6克，芡实5克，血糯米10克，白糯米15克，姜米3克等。

调料：盐3克，鸡粉2克，白糖1克，上色老抽2克，冰糖5克。

技术关键

（1）清洗竹荪时注意不要把根部剪除。

（2）填料操作时动作要轻，不然容易破裂。

菜品特色

形似葫芦，口感柔和软糯。

主要工艺流程

（1）先将竹荪泡洗干净待用。

（2）将白糯米、血糯米洗净上笼蒸熟待用，将需要切成丁的所有辅料切成0.5厘米大小的丁，下水锅带味余水，与两种糯米拌匀调味。

（3）把洗好的竹荪用餐厨纸吸去多余水分，把调好的馅料灌入收口，再用葱丝扎成葫芦形状。

（4）用调好味的素汤，上笼蒸约20分钟捞出，用原汤勾芡淋汁即可装盘点缀。

炆火素牛肉

营养指南

　　秋季应该保持肺气清肃，养生应顺应秋气、养护人体收敛功能。本道菜肴选用具有和中益气、解热止渴功效的水面筋为主料，辅以止咳化痰、生津健脾的青柠檬和具有除烦解渴、扶正固本功效的圣女果，不仅在食材选用上独具匠心，还融合了西式烹饪方法，色彩鲜艳悦目，口感外焦里嫩，是一道中西合璧的营养美味佳品。

食材选择

主料：水面筋100克。

辅料：青柠檬1颗，圣女果1颗，菜心1颗，脆网1片，爆珠6粒，荷兰芹1克等。

调料：冰糖10克，红酒15克，盐3克，鸡精3克，老抽5克，八角1颗，白芷2片，香叶2片，生姜8克，生粉20克等。

技术关键

（1）水面筋炸过后一定要焖透。

（2）色泽不易过深。

主要工艺流程

（1）先将水面筋改刀成4厘米×4厘米方块，油锅上火倒入500克清油，烧至油温五成热时，放入水面筋炸至两面金黄即可。

（2）另起炒锅放入少许油，煸香小料，加入素汤、冰糖、红酒调味，大火烧开转至小火，焖约40分钟。

（3）用菜心的菜白梗雕刻成花朵形状，青柠檬切成长方块，圣女果去根后切成两半待用。

（4）把烧好的水面筋捞出，粘上少许生粉，下六成热油温炸约30秒捞出，炒锅上火放入清水，冰糖熬成糖色，加入原汤，再加入红酒，大火收自然汁即可出锅装盘点缀。

菜品特色

色泽红润，口感外焦里嫩。

海参酥

营养指南

　　秋高气爽，气候干燥，秋季适合进补滋阴润燥的食物。《饮膳正要》中记载"秋气燥，宜食麻以润其燥"。黑芝麻被誉为"八谷之冠"，最适合在干燥的秋季食用。其含有丰富的胱氨酸等活性营养成分，能起到滋润皮肤、降火去燥、补益精血的效果。本道点心用酥油皮包裹着黑芝麻，配以具有补气养血、润燥化痰、温肺润肠功效的核桃碎，是一道补血美容、润燥滋阴的精致糕点。

食材选择

主料：混酥皮300克，素黄油100克，糖粉60克，鸡蛋50克，低筋面粉200克。
馅心：素黄油50克，核桃碎200克，黑芝麻粉100克，花生油40克，白糖60克，熟化糯米粉50克。
辅料：食用竹炭粉3克。

技术关键

（1）馅心加入熟化糯米粉后需用手捏紧压实。
（2）烘烤温度：上火190℃、下火170℃，烤8~10分钟，注意温度，避免上色。

菜品特色

形似海参，香酥可口。

主要工艺流程

　　（1）将素黄油软化加入糖粉搅匀，再加入鸡蛋搅匀，再加入过筛后的低筋面粉和食用竹炭粉拌匀制成混酥面团备用。
　　（2）将核桃碎、黑芝麻粉、白糖、花生油及熔化的素黄油依次放入盛器搅匀，最后加入熟化糯米粉拌匀，制成馅心，搓成每个10克备用。
　　（3）将混酥面团分成每个25克包入馅心，用手捏成海参形状，入烤箱烤制，成熟即可。

秋柿

营养指南

　　秋季阳气日衰，阴气日生，雨水渐少，养生应以养阴润燥为主。民间有"霜降吃柿子，不会流鼻涕"之说，柿子有"果中圣品"的美称，是传统药食兼用的果品，含有丰富的胡萝卜素、维生素C、瓜氨酸等营养成分，具有清热解毒、润肺止咳、健脾益气功效。此道菜选用柿子作为主料，辅以补中益气、健脾止泻的糯米，顺应霜降吃柿子的习俗，是一道老少皆宜的美食佳品。

食材选择

主料：糯米粉180克，玉米淀粉60克，柿子3个。

辅料：牛奶360克，黄金芝士粉20克，素黄油40克，打发好的奶油50克。

调料：白糖90克。

主要工艺流程

　　（1）将糯米粉、玉米淀粉、白糖、黄金芝士粉、牛奶放入盛器中搅匀，过筛后封上保鲜膜入蒸箱蒸制20分钟，趁热加入素黄油揉至可拉丝即可使用。

　　（2）将上述面皮分成35克的剂子擀圆，挤入奶油和柿子果肉包圆，顶上放上柿子蒂即可。

技术关键

　　（1）面团蒸好后稍微放凉再加入素黄油揉制。

　　（2）奶油打发得要硬一些。

菜品特色

应季产品，软糯香甜。

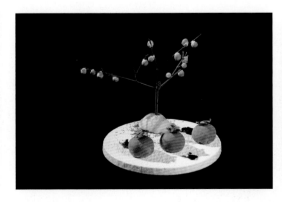

火焰时蔬石榴包

营养指南

　　秋季养生应以"平衡膳食，辨证配膳"为原则。此道菜选取解热毒、通血脉、利肠胃的菠菜，滋阴润燥、健脑益智的鸡蛋干，抗病毒、预防肿瘤的羊肚菌，增强人体免疫力的杏鲍菇等珍贵食材，利用卷春饼的形式将其包裹，不仅造型逼真，而且顺应秋季吃石榴的节气风俗，是一道营养均衡的美味菜点。

食材选择

主料：越南春卷皮8片。
辅料：菠菜300克，鸡蛋干80克，熟白芝麻10克，杏鲍菇40克，羊肚菌40克，香菜梗8根，红心火龙果1个，纯净水1000克。
调料：盐5克，芝麻油15克，味粉6克，花椒油1克。

主要工艺流程

　　（1）将红心火龙果去皮去籽加水打成汁备用。
　　（2）将香菜梗烫软待用，把菠菜、杏鲍菇、羊肚菌烫熟断生，切小粒。菠菜顶刀切沫、鸡蛋干切小粒待用。
　　（3）将切好的材料加入盐、熟白芝麻、味粉、芝麻油、花椒油拌匀，调制成咸鲜口味即可。
　　（4）将调制好的火龙果汁加热到60℃左右，放入越南春卷皮，烫软，拿出放在一个平碗上、加入调制好的馅料（一份馅料为18克）。
　　（5）用包包子的手法，包好之后用烫软的香菜梗缠两圈系起来，用剪刀剪去上面多余部分即成。

技术关键

　　（1）火龙果捏碎之后去籽过滤打汁，不去籽的话包出来的石榴包上面会有黑点。
　　（2）每份馅料重量统一，这样才能保证成品大小一致。

菜品特色

外形亮丽，形象独特。

滋味素肉松

营养指南

　　俗语有"秋吃豆腐最滋补"之说，豆腐皮不仅容易消化吸收，而且有清热润肺、止咳消痰、养胃解毒等功效。此道菜即是选择豆腐皮为主料，辅以抗氧化、抑制肿瘤、调节脂质作用的白芝麻，富含藻胆蛋白的海苔，将食材炸制卤制，不仅形态逼真、口感香韧，而且营养价值丰富，是一道具有抗老延衰功效的美味菜肴。

食材选择

主料：豆腐皮20克。

辅料：白芝麻0.5克，海苔0.5克。

调料：糖50克，盐1克，味精2克等。

主要工艺流程

（1）豆腐皮切丝。

（2）下油锅炸制，下调料卤制。

（3）挤干卤汁，加入白芝麻、海苔。

技术关键

豆腐皮切丝粗细均匀。

菜品特色

色泽金黄、口感香韧、入口回味。

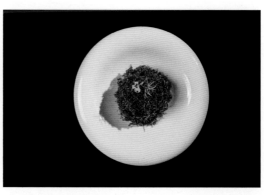

秋色白玉梨

营养指南

民间素有"秋吃山药，胜过补药"的说法，山药不仅白皙粉糯，清香润脾，而且还能美容养颜，保持血管弹性，提高人体免疫力。此道菜以山药为主料，辅以补气益肺的南瓜和润肺去燥的雪梨肉，产生独有的滋补作用。制成梨的形状，不仅赏心悦目，而且顺应处暑吃梨的习俗，是一道老少皆宜的养生佳品。

食材选择

主料：山药150克。

辅料：南瓜200克，雪梨碎10克。

调料：盐1克，味精2克。

主要工艺流程

（1）山药调味，加入雪梨碎制馅。

（2）南瓜蒸熟，放入白玉梨。

（3）上笼蒸熟即可。

技术关键

造型大小要求一致，成熟度要控制好。

菜品特色

汤汁醇香、玉梨软香。

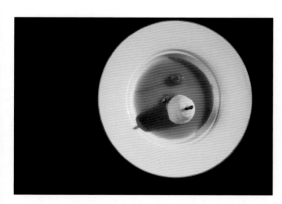

"冬，终也，万物收藏也。"秋收已毕，农事稍歇，北方万物凋零，天干物燥，寒气逼人，进入一年中最后一个季节——冬。冬应肾而养藏。冬季的养生总原则为顺应自然界闭藏的规律，以敛阴护阳为根本，食用一些滋阴潜阳、补宜肝肾、热量较高的膳食为宜，如元代忽思慧《饮膳正要》中所说，"冬气寒，宜食黍以热性治其寒"。同时也要多食新鲜蔬菜以避免维生素的缺乏，冬季食用的蔬菜以白菜、萝卜、山药、莴笋等为主。冬季是吃蘑菇的好季节，应季的蘑菇多达十余种，蘑菇具有酸甜苦辣咸之外的第六种味道——鲜，因而是冬季餐桌上的主要食材。

十月为冬月，草木凋零、蛰虫休眠，万物生长趋于停滞，辛苦一年的人们开始犒劳自己。于是民间有"立冬补冬，不补嘴空"的说法。人们通过食用驱寒的食物，补充能量，为漫长的冬季做好准备。旧时南京有吃生葱的习俗，葱味辛、性微温，解毒调味，发表通阳，可减少疾病的发生，正所谓"一日半根葱，入冬腿带风"。因水饺外形似耳朵，人们认为吃了它，冬天耳朵就不受冻，所以很多地区的人们立冬吃饺子，有"立冬不端饺子碗，冻掉耳朵没人管"之说。在京津地区还讲究吃"倭瓜"（南瓜）馅的饺子。福建、潮汕一带流行立冬吃甘蔗、炒香饭。立冬时甘蔗已经成熟，吃了不上火，不仅可以保护牙齿，还能起到滋补的功效。炒香饭则是用莲子、香菇、板栗、胡萝卜等制作而成。

冬季气温持续走低，不仅地上的露珠凝结成了霜，天空中的降雨也变成了雪花。"立冬萝卜小雪菜"，白菜是小雪节气后北方人餐桌上的常见蔬菜。农耕社会的收获季节性强，所以如何加工这些收获作物就是农闲时节人们的主要工作，在条件受限的情况下主要依靠腌制和酿制。"家有腌菜，寒冬不慌，腌菜打滚，吃的饭香。"南北方都有小雪腌菜的习俗，常见的腌菜有白菜、萝卜、雪里蕻、豆角

冬 俗入膳

等。"十月朝，糍粑碌碌烧"，小雪前后南方地区还有吃糍粑的习俗，这源于古代的祭祀活动。肾与冬相应，黑色食物入肾。小雪时节宜食的黑色食物有黑米、黑豆、黑枣、黑菇、黑芝麻、黑木耳、黑桑葚等。

大雪节气的雪是个吉祥的征兆，瑞雪兆丰年，民间有谚语云"今年雪不断，明年吃白面"。大雪时节，寒冷干燥，容易耗伤人体津液，饮食上宜防燥护阴、滋肾润肺，可食用一些柔软甘润的食物，如豆浆、莲子、银耳、青菜、萝卜等，忌食燥热食品。北方很多地区冬季流行吃饴糖。

自古以来冬至是个非常重要的节气，冬至大如年，民间称冬至为"亚岁"，冬至夜全家团聚，吃饺子，吃冬至宴。明清以来，各地都有"设牲醴食馔荐之先祖"的习俗。每逢冬至清晨，江南各家各户磨糯米粉，并用糖、菜、果、萝卜丝等做馅，包成冬至团，不但自家人吃，也会赠送给亲友以表祝福之意，民间有"吃了汤圆大一岁"的说法。冬至过后即是数九寒天，在滴水成冰的严冬，很多地区人们要吃一碗热腾腾的面，才算是过了一个冬至，正所谓"吃了冬至面，一天长一线"。

"小寒大寒，冷成冰团。"小寒大寒时节，万物生机暂未复苏，人体生理活动还处于抑制状态，应御寒保暖，多吃一些温性食物。南方地区吃糯米、打年糕。北京人吃年糕，既象征吉祥，又驱散寒冷，所以年糕又称"消寒糕"。宜喝红茶，红茶性温、味甘，含有丰富的蛋白质和碳水化合物。随着大寒的到来，冬季已接近尾声，已经隐约可以感受到大地即将回春的景致。

宫廷素脆鳝

营养指南

　　冬季天寒，人体阳气收藏，易导致人体气机、血运不畅。此道菜选择富含功能性多糖和丰富维生素的香菇作为主料。香菇作为一种药食同源的食物，不仅具有辅助抗血栓的功效，还可增强免疫力。此道菜酸甜适口，老少皆宜，是冬日餐桌上的美味佳肴。

食材选择

主料：干香菇150克。
辅料：姜丝90克，枸杞子30克等。
调料：盐8克，糖80克，味精2克，香醋100克。

主要工艺流程

（1）干香菇涨发。
（2）剪成粗丝状，拍粉入油锅中炸酥脆。
（3）炸好的香菇丝裹上调好酱汁即可。

技术关键

（1）炸香菇的油温需控制在130℃。
（2）挂汁的厚度应均匀。

菜品特色

形象逼真、酸甜可口。

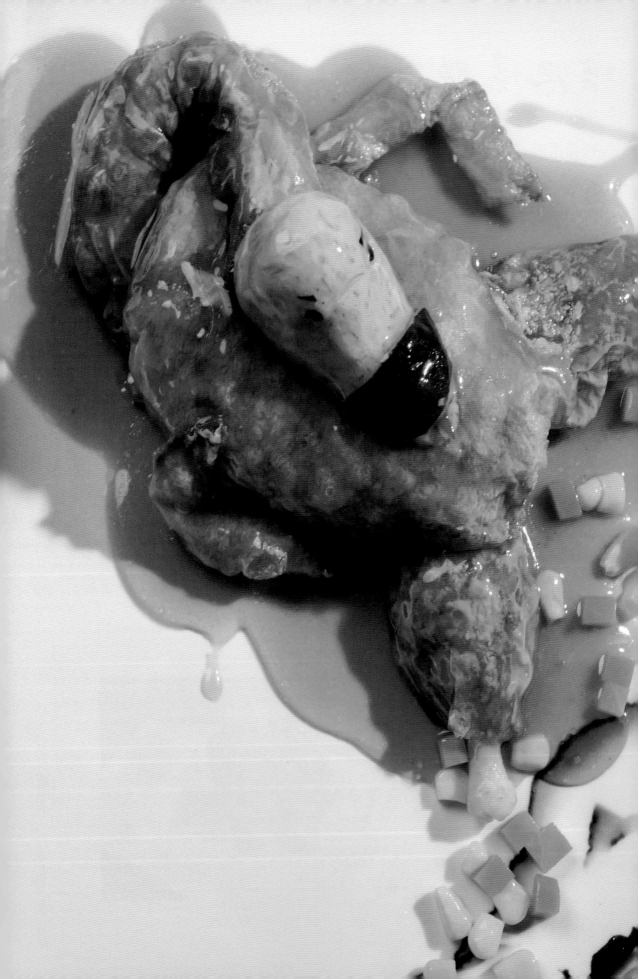

八宝玲珑鸭

营养指南

　　立冬不觉寒，喜食糯米饭。糯米饭软糯可口，是冬季暖胃养胃又补中益气的佳品。此道菜以长糯米作为主料，不仅顺应了立冬节气食用糯米饭的习俗，而且在烹饪方式方面选择了营养健康的蒸制方式，很好地保留了糯米的营养价值，是冬季养生的佳品。

食材选择

主料：糯米（长糯米）150克。

辅料：鲜白果20克，芦荟20克，胡萝卜10克，红枣5克，鲜松茸20克，板栗10克，菱角肉10克，豆腐皮40克，香芋250克。

调料：糖25克，盐2克，味精3克，老抽10克，淋油2克等。

主要工艺流程

（1）糯米浸泡、蒸熟，香芋刻成鸭头、鸭皮、鸭身、鸭翅、鸭腿状备用，其他辅料（除豆腐皮外）切丁。

（2）将上述切丁的辅料、糯米制成馅心，豆腐皮改刀制成鸭皮，在油锅炸至成熟。将鸭炸成金黄色，浇入卤汁。

技术关键

糯米要蒸熟，掌控好油温。

菜品特色

形象逼真、外酥里糯。

至尊罗汉素

营养指南

　　冬日养肾，冬主藏精。据《神农本草经》记载，芡实具有补中、益精气、强志、令耳目聪明的功效。此道菜选用药食同源的食材芡实（鸡头米）作为主料，辅以富含膳食纤维的南瓜、玉米等食材，营养丰富，健脾祛湿，补益强身，是冬季进补的佳品。

食材选择

主料：手剥新鲜鸡头米30克，南瓜10克，新鲜玉米粒10克，心里美萝卜10克，新鲜甜豆10克，白玉菇10克。

辅料：素高汤50克，芡汁20克。

调料：盐3克，味精3克，糖2克，橄榄油10克。

主要工艺流程

　　（1）南瓜、心里美萝卜用小挖球器挖成小球，焯水备用。

　　（2）鸡头米、玉米粒、甜豆焯水，白玉菇去茎焯水备用。

　　（3）素高汤烧开，调味勾芡后放入焯水后的蔬菜，搅拌均匀，淋橄榄油。

技术关键

　　（1）各种蔬菜大小一致。

　　（2）鸡头米要煮软去涩味。

　　（3）勾芡时芡汁不要过多。

菜品特色

菜肴颜色鲜艳多彩，颗粒均匀，口感丰富。

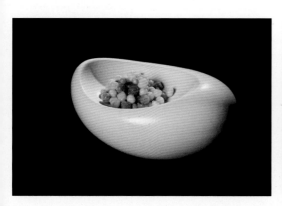
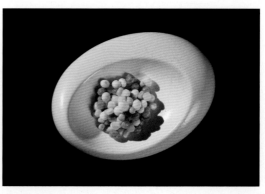

冬笋镶鱼子

营养指南

　　冬季天寒干燥，饮食上宜温补滋润。冬笋性味甘寒，入肺经，有滋阴清热、清肺化痰的功效。故此道菜选用素有"金衣白玉，蔬中一绝"之美誉的冬笋作为主料，不仅味道鲜美，而且顺应冬季养生之道。辅以营养全面的新资源食品黑藜麦，口感丰富独特，是冬季养生的佳品。

食材选择

主料：安吉冬笋300克。

辅料：面粉300克，香葱50克，黑藜麦100克。

调料：麻辣料250克。

技术关键

黑藜麦不能蒸太烂，要干爽。

菜品特色

麻辣脆爽，口感独特。

主要工艺流程

（1）将冬笋去皮，切小粒，焯水5分钟。

（2）用香葱、面粉做发面葱油饼，锅中放入色拉油烧至六成热，炸脆葱油饼。

（3）冬笋粒放入麻辣料中煮制并调味勾芡，黑藜麦蒸熟调味。

（4）炸脆葱油饼，上面放麻辣冬笋粒，最后上面放黑藜麦即可。

纯素巧克力慕斯

营养指南

　　冬季进补，"三高"食物为宜，"三高"为高热量、高蛋白质、高维生素。故此道菜选择富含优质蛋白质和丰富维生素的鹰嘴豆为主要原料，不仅顺应了冬季进补的特点，更是选用了优质零卡糖食物调整菜品口味，清甜爽口，将美味和健康养生悄然融合，是冬季餐桌上的创新佳品。

食材选择

主料：鹰嘴豆熟豆粉60克、椰子油①40克、杏仁粉30克、低筋面粉60克、鹰嘴豆水①30克、黑巧克力①60克、生鹰嘴豆100克、椰浆40克、鹰嘴豆水②40克、水400克、黑巧克力②60克、喷砂可可脂100克等。

辅料：卡拉胶2克、可可脂10克、椰子油②10克、红色色粉2克、白色色粉1克。

调料：白砂糖15克、芒果及多种水果适量、薄荷叶少许等。

技术关键

　　（1）掌握好鹰嘴豆水的打发稳定性，打发时其中不能有固体物质。

　　（2）掌握好慕斯糊稀稠度，将制作过程中混合物②的温度控制在27℃。

菜品特色

外观靓丽、香甜可口、质地细腻顺滑。

主要工艺流程

　　（1）将鹰嘴豆熟豆粉、椰子油①、杏仁粉、低筋面粉混合为沙粒状，加入鹰嘴豆水①混合成团备用。

　　（2）将饼干面团擀至3毫米厚的饼干皮，用模具刻出圆形后摆在铺有带孔硅胶垫的烤盘中冷藏20分钟定型。

　　（3）将烤箱预热至145℃，将饼干烤至成熟，冷却备用。

　　（4）将生鹰嘴豆提前4小时泡水，泡透后加配方中的水，中小火煮制40分钟，至鹰嘴豆软烂，沥出后冷藏备用。

　　（5）取煮熟的鹰嘴豆与配方中的白砂糖、椰浆、椰子油②、可可脂等原料一起放入料理机中研磨至细腻状态，得到混合物①，将其灌入夹心模具（8个，每个20克），冷冻储存备用；并将剩余的混合物保温待用。

　　（6）将黑巧克力①熔化，然后与卡拉胶、混合物①的余料混合并放入料理机中，研磨并加热至100℃后搅拌降温至32℃，为混合物②备用。

　　（7）将冷藏的鹰嘴豆水完全打发至稳定状态为混合物③，将其分3次加入混合物②中，混合均匀得到纯素巧克力慕斯糊，将其灌入模具并放入夹心，冷冻定型后脱模，冷冻储存，温度控制在−20℃以下。

　　（8）将喷砂可可脂熔化，加入色粉调为白色和红色两种颜色，调温至32℃备用。

　　（9）用喷砂机将红色可可脂喷在慕斯体表面，形成红色表层，再将白色可可脂少量喷在红色表面，形成"积雪"的状态，冷冻储存。

　　（10）用3D打印机制作出巧克力装饰片。

　　（11）将水果切好，取薄荷叶用冷水浸泡。

　　（12）用芒果果茸、水果粒、薄荷叶等在盘中画出盘饰部分。

　　（13）将慕斯放置在饼干上后冷藏解冻2小时，将解冻的慕斯摆入盘中，最后将3D打印的巧克力片摆在慕斯上即可。

菊花羊肚菌

营养指南

　　一碗温热的汤膳可抵御冬的寒凉。羊肚菌味甘性平，归脾归胃，具有健脾补胃、消食化痰理气的功效。此道菜选用珍贵的羊肚菌和富含优质蛋白质的嫩豆腐作为主料，鲜香适口，清香温润，烹饪方式更是保留了食材的原汁原味，清淡而有营养，是寒冷的冬天里温暖人心的佳品。

食材选择

主料：嫩豆腐150克，羊肚菌1个。

辅料：黄豆芽、冬笋、香菇各150克。

调料：盐1克，味精2克。

主要工艺流程

（1）三种辅料调制素高汤，调味。

（2）嫩豆腐制成菊花形状。

（3）菊花状豆腐、羊肚菌放入器皿中，注入素高汤。

技术关键

素高汤调制，菊花豆腐粗细一致。

菜品特色

色洁白、味醇香。

清汤素翅

营养指南

　　常言道"冬吃萝卜，夏吃姜"。寒冬之时，体内阳气相对亢盛，易出现湿热偏盛的现象，白萝卜不仅可以消散内热，还有下气宽中、消积导滞等作用。此道菜选用富含维生素C的白萝卜作为原料，润肺止咳、健脾补气。辅以各类高蛋白质、低脂肪的菌菇提鲜，醇香可口，是冬日餐桌上的美味佳品。

食材选择

主料：白萝卜5000克。

辅料：白玉菇80克，鲜香菇30克，平菇80克，白蘑菇50克，杏鲍菇50克，蟹味菇80克，枸杞子、鲜虫草花50克等。

调料：老抽20克，味精50克。

技术关键

（1）此道菜刀工要求精细，应注意操作安全。

（2）控制好素翅蒸制时间和成熟度。

（3）汤菜应保持适口的温度。

菜品特色

清汤味醇，素翅蒸软滑，香味浓郁，营养丰富。

主要工艺流程

（1）将白萝卜洗净去皮改成长约10厘米的段，然后一分为二制成素翅外形生坯。

（2）将生坯运用先批后直的刀法剞成素翅，先用盐水泡至回软再用清水冲洗。

（3）将辅料以文火炖制1小时，用纱布隔离成清汤状。

（4）锅中放水，素翅焯水提质，捞出后用纯净水冲洗，放入清汤上笼蒸32分钟即可。

（5）将辅料菌菇用清水熬制1小时成菌菇汤，加调料调味备用。

（6）素翅放入翅盅，淋入菌菇汤即可。

年糕烧素黄鱼

营养指南

　　冬天是进补的好时节，冬令进补应注重平衡阴阳、疏通经络、调和气血，以顺应时令的特点。故此道菜品选用健脾养胃、益气补精的萝卜，清热化痰、润肠通便的鲜笋和美容养颜的香菇为主料，开胃提神，老少皆宜，是冬季餐桌上不可或缺的美味佳品。

食材选择

主料：萝卜400克，萝卜干100克，鲜笋150克，水发香菇100克。

辅料：年糕150克，豆腐皮100克，炸姜丝50克。

调料：盐5克，糖50克，素蚝油10克，镇江陈醋60克，味精5克，排骨酱60克，姜汁30克等。

主要工艺流程

　　（1）主料分别切丁焯水，入锅中煸炒，加素蚝油、盐、糖、味精调味，加入芡汁制成馅料备用。

　　（2）用豆腐皮将馅料包裹成鱼状，牙签封口定型，再入五成热油锅中炸1分钟捞出，去除牙签。

　　（3）年糕切块后油炸至表皮起壳备用。

　　（4）锅中留底油淋入姜汁、排骨酱、糖、镇江陈醋调味，依次放入年糕、素鱼，用文火焖2分钟。

　　（5）素鱼烧好出锅装盘，表面撒上炸姜丝即可。

技术关键

　　（1）素鱼炸之前要用牙签戳孔，防止遇热表皮爆裂。

　　（2）焖烧时炉火温度不宜过高，尽量用文火使之形状保持完整。

　　（3）调味时糖醋比例适当，需放姜汁提味。

菜品特色

形似黄鱼、酱香浓郁、开胃。

金汤素狮子头

营养指南

　　药食同源的佳品山药具有健脾益胃、恢复体力、调节血糖的功效，此道菜品以润肺止咳的萝卜和补肺益气的山药为主料，辅以冬日暖身健体的食疗佳蔬金瓜，烹饪方式以蒸制为主，营养健康，口感软糯，色泽丰富，是冬季餐桌上视觉和味蕾的双重享受。

食材选择

主料：萝卜500克，山药120克。

辅料：金瓜100克。

调料：盐8克，味精10克，糖2克，鸡汁5克。

技术关键

（1）萝卜灼水时要灼透，冷水充分冲凉，再吸干水分，不然不易成型。

（2）萝卜山药摔打时要充分上劲，否则会松散。

（3）山药带皮蒸熟后再去皮，防止氧化发黑。

主要工艺流程

（1）萝卜切丁灼水，吸干水分。

（2）山药洗净蒸熟，去皮，制成山药泥。

（3）金瓜洗净切片后蒸熟，粉碎成茸，调味成金瓜汁。

（4）萝卜丁、山药泥加盐、味精调味，摔打上劲，制成每个65克圆状坯体。

（5）将上述坯体加入开水锅中余20分钟，取出放入窝盘，淋入金瓜汁即可。

菜品特色

清香爽口、软糯、色泽层次鲜明。

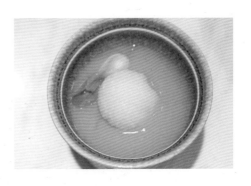

素XO酱酿玉环

营养指南

在寒冬来一场营养丰富的菌菇盛宴，舒筋活络的平菇、降压降脂的香菇、增强免疫力的白玉菇、开胃健脾的蟹味菇、止咳平喘的虫草花与生津止渴的萝卜完美邂逅，此道菜品，干香开胃，造型别具一格，营养丰富，是冬季菌菇荟萃的首选佳品。

食材选择

主料：平菇200克，香菇200克，白玉菇170克，蟹味菇180克，虫草花50克，萝卜500克。
辅料：小米辣20克，蒜泥20克，葱茸80克，辣椒粉50克。
调料：盐8克，味精8克，糖10克，红油20克。

技术关键

（1）菌菇炸制时注意油温和时间，观察颜色变化，颜色不能够炸制太深以免影响感官。
（2）萝卜需要蒸熟至软烂。
（3）盐水蒸萝卜需要掌握咸度，不宜过咸。

菜品特色

干香、香辣开胃。

主要工艺流程

（1）平菇、虫草花撕成细丝，香菇、白玉菇等切细丝，入油锅炸干备用。
（2）将蒜泥、葱茸、小米辣小火炸香，再加辣椒粉炒香。
（3）加入主料一同小火煸炒，加入调料调味成素XO酱备用。
（4）萝卜刻成镂空圆柱体，置淡盐水中蒸30分钟取出，沥干水分。
（5）取窝盘放上萝卜，萝卜中间放入素XO酱即可。

211 冬俗入膳

四时素食格物——非遗烹饪技艺传承与创新

双味素刀鱼

营养指南

　　山药性味平和，润肺、健脾、益肾，既可补阳以强健脏腑功能，又可补阴以充养物质基础，此道菜品选用药食同源的食材山药为主料，辅以抗癌的菌菇、富含优质脂肪酸的松子仁以及含钙丰富的豆腐皮，是冬季养生的一道佳品。

食材选择

主料：铁棍山药300克。

辅料：菌菇10克，松子仁2克，豆腐皮2张。

调料：盐1克，黑椒粒1克，蜂蜜2克。

主要工艺流程

（1）山药蒸熟，分别加入黑板汁、蜂蜜制成馅料，豆腐皮裁成修长的三角形，加入馅料做成刀鱼状。

（2）下油锅炸成金黄色，装上鱼眼睛。

技术关键

炸制时油温控制在四成热。

菜品特色

形象逼真，一菜双味。

素鱼子酱

营养指南

　　常言道：鱼生火，肉生痰，白菜豆腐保平安。豆腐是冬季餐桌上的主力蔬菜，也是营养丰富的健康食品。此道菜品以富含优质蛋白质、不饱和脂肪酸以及钙元素的豆腐为主料，在冬日补充身体所需的同时，还可有效降低血中胆固醇的含量，保护心脑血管，是冬日养生进补的佳品。

食材选择

主料：豆腐1块。
辅料：香葱10克。
调料：盐5克，味精5克，糖4克，意大利黑醋20克，麻油3克。

主要工艺流程

（1）豆腐切成小丁，焯水后过凉，滤去多余水分，加入调料调味。
（2）豆腐丁用模具压成圆柱形放入盘中。
（3）用分子美食的球化技术，将意大利黑醋做成黑鱼子酱大小，放在豆腐顶端，装饰即可。

技术关键

（1）豆腐焯水时间不能长。
（2）可用多种果汁做成数种颜色的素鱼子酱，搭配使用。

菜品特色

清淡可口，酸甜开胃。

醉板栗仿素鱼

营养指南

"三九补一冬，来年无病痛"。素有"干果之王"美誉的板栗性温味甘，有补肾健脾、延年益寿之效，其中所含的维生素C以及黄酮类物质具有很好的抗氧化功能，是美容养颜的佳品。此道菜品精选板栗作为主料，精心调味，口味新颖，营养丰富，是冬季滋补的佳品。

食材选择

主料：板栗350克。

辅料：凝胶片7片等。

调料：醉板栗汁25克，花雕酒190克，生抽100克，高度白酒5克，白兰地酒5克，白糖60克，蜂蜜20克，柠檬2片，姜片3片，九制陈皮15克，八角2个，桂皮4克，香叶3片，白豆蔻6个，干辣椒5克等。

主要工艺流程

（1）板栗洗净，放入醉板栗汁（10克）中，上火烧开煮30分钟，浸泡4～5小时。

（2）将板栗捞出，放180克纯净水、15克醉板栗汁、15克花雕酒，用破壁机打成细蓉，倒出后加熔化好的凝胶片熬化。

（3）板栗蓉抹入鱼形模具中，放入冰箱冷藏，成型后取出装盘即可。

技术关键

（1）板栗要卤透。

（2）板栗蓉要尽量打细。

菜品特色

用料新颖，酒香浓郁。

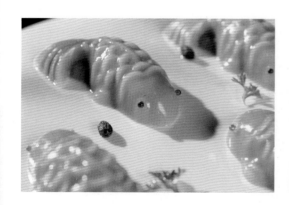
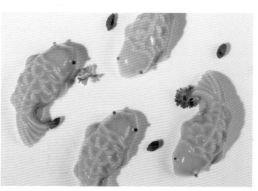

葱油素鲍鱼

营养指南

　　"冬季严寒万物藏，保健敛阴又护阳。"一口多汁的白灵菇素鲍鱼，满口温存，直抵心房。此道菜品选用降压降脂、益气补血的白灵菇为主料，焯水后焖制而成，原汁原味，唇口留香，是寒冷冬日里温暖人心的餐桌佳品。

食材选择

主料：白灵菇500克。

辅料：葱油500克，素蚝油20克。

调料：红卤汁——1000克菌汤，红曲米20克，老抽15克，生抽10克，素鲍鱼汁20克。

主要工艺流程

（1）白灵菇雕刻成鲍鱼状。

（2）白灵菇焯水后，放入红卤汁中卤出底味，抹少许素蚝油后，下葱油中，用小火焖10分钟后取出晾凉。

（3）摆盘即可。

技术关键

（1）底味不可过重。

（2）葱油焖时火力要小。

菜品特色

形似鲍鱼，口味香浓。

松仁香芋酿凤巢

营养指南

　　自立冬至冬至是"进补"好时节，俗称补冬。芋头"益脾和胃、润燥活血、清毒解毒、止泻消肿"，故此道菜品选用苏东坡所赞赏的芋头和营养丰富的豆腐果为主要原料，辅以冬日扶正补虚的佳品松子仁，外酥里鲜，口感独特，是寒冬时节的创新之品。

食材选择

主料：三角形豆腐果200克，荔浦芋头300克。
辅料：松子仁50克，小葱花10克，姜米20克。
调料：芝麻油80克，盐8克，味精4克，白胡椒粉5克等。

技术关键

油的温度控制在75℃，观察菜品变化。

菜品特色

色泽金黄、外酥里鲜、芋泥酥烂。

主要工艺流程

（1）初加工：
①将三角形豆腐果在三分之二处切断，然后把里部翻转到外部。
②芋头切片，上蒸笼蒸20分钟取出，用刀抹成细泥待用。
③芋泥里放入盐8克、味精4克、白胡椒粉3克、松子仁50克、小葱花5克、姜米7克、芝麻油80克，拌匀调味成芋泥馅待用。
④在翻好的豆腐果里部拍少许生粉，然后均匀抹入芋泥馅待用。
（2）烹饪环节：起锅上火，倒入大豆油烧至175℃，放入豆腐果炸到金黄色即可装盘。

山珍明月菊花灌汤包

营养指南

　　"冬季养生在于藏，养精蓄锐不扰阳。"冬季饮食调养应注意升发阳气，此道菜品选用补脾养胃、生津益肺、补肾涩精的山药为主料，配以萝卜、青菜、松茸等丰富食材，用料简而精，汤汁清澈，是寒冬之日老年人温热滋润清补的佳品。

食材选择

主料：萝卜150克，山药30克，青菜50克，松茸10克等。

辅料：上素汤200毫升，胡萝卜10克，羊肚菌1个，枸杞子1个，豌豆粒若干等。

调料：盐3克，味精2克，糖2克，生姜5克，葱5克，麻油1毫升。

主要工艺流程

（1）萝卜改菊花花刀，焯水，加入羊肚菌素汤汤汁蒸30分钟。

（2）山药蒸熟打成泥，用模具做成明月造型上蒸笼小汽蒸3分钟。

（3）将蒸好的菊花萝卜汤取出，放入素汤包和明月造型的山药，用枸杞子点缀花心，撒入焯水后的豌豆即可。

技术关键

（1）萝卜菊花花刀粗细均匀没有连刀。

（2）明月造型的山药蒸时汽不能大。

（3）汤包要封口，不能破皮。

菜品特色

汤汁清澈适合老年人，食疗简汤，用料简单，大胆创新。

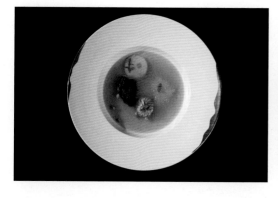

镜箱豆腐

营养指南

　　豆腐是冬季养生的佳品，具有泻火解毒、生津润燥、和中益气的功效。此道菜品选用富含优质蛋白质的豆腐作为主料，不仅色泽鲜亮，味醇鲜嫩，而且具有增强免疫力、强身健体的功效，是一道老少皆宜的冬季低脂、高蛋白质养生菜品。

食材选择

主料：豆腐500克（2块）。

辅料：土豆300克，芹菜100克，香菇100克，青豆6颗等。

调料：盐7克，味精5克，糖10克，酱油2毫升，麻油2毫升，番茄酱100毫升等。

技术关键

（1）用汤匙柄挖豆腐时，注意底不能挖穿，四边不能挖破。

（2）在勾芡、将豆腐翻面时，要注意保持块形完整，排列整齐。

菜品特色

色泽鲜亮、鲜嫩味醇、老少皆宜。

主要工艺流程

　　（1）豆腐每块均匀地切成长方形的3小块（每块约长4.5厘米、宽3厘米、厚3厘米），共6小块，排放在漏勺中，沥去水。

　　（2）把锅置旺火上烧热，舀入油，烧至八成热时，将漏勺内豆腐滑入，炸至豆腐外表起软壳、呈金黄色时，用漏勺捞出沥去油。用汤匙柄在每块豆腐中间挖去一部分，然后填满素馅，再在馅上面放一颗青豆，做成镜箱豆腐坯。

　　（3）将锅置旺火上烧热，舀入油，放入葱末炸香后，再放入镜箱豆腐生坯，整齐排入锅中，再移至旺火上，加绍酒、酱油、糖、番茄酱、素汤、盐、味精，晃动炒锅，使调料均匀。

　　（4）烧沸后，盖上锅盖，移小火上烧6分钟后，揭去锅盖，再置旺火上，晃动炒锅，收稠汤汁，用水淀粉勾芡，沿锅边淋入麻油，颠锅将豆腐翻面，青豆朝上（保持块形完整，排列整齐），滑入盘中即成。

桂花葛根三薯芋圆

营养指南

　　此道菜品可谓有"三薯"，有"四吸收"功效。"三薯"即蜜薯、紫薯和木薯三种食材，"四吸收"则是指出了薯类具备的吸收水分、脂肪、碳水化合物和毒素的功效。此道菜品不仅口感韧弹，唇齿留香，而且是寒冷冬日里健脾、补气和通便的佳品。

食材选择

主料：木薯粉50克，糯米粉20克，蜜薯30克，紫薯30克，有机芋头30克，芡实（鸡头米）10克，黄金百合20克等。

辅料：菊花5克，糖桂花5克（红色糖桂花）等。

调料：蜂蜜20克等。

技术关键

（1）芋圆煮熟后立即放入冰水会让芋圆更加韧弹透明。

（2）紫薯、蜜薯自有甜味，调制面团不需要加糖，木薯粉使芋圆更加透明。

主要工艺流程

　　（1）蜜薯、紫薯蒸熟后放入木薯粉、糯米粉，加少量水和成面团。把"三薯"制成的芋圆放入锅中煮熟待用。

　　（2）面团改小方块入开水煮熟，放入冰水冷却待用，鸡头米、黄金百合、有机芋头蒸熟待用。

　　（3）葛根粉用开水调开，放入糖桂花、蜂蜜，放入煮熟的三色芋圆和蒸熟的鸡头米、黄金百合、有机芋头，点缀菊花瓣装盘。

菜品特色

芋圆韧弹劲道，桂花唇齿留香。

天山雪莲炖秋月梨

营养指南

寒冬养生注重温润，一碗软糯香甜的汤膳，定让人暖胃暖心记忆犹新。故此道菜品选用清热化痰的秋月梨为主料，辅以营养丰富的红枣和雪莲子，蒸制而成，汤清梨糯，一口温暖清润直抵心间，无疑是冬季滋补润燥、驱寒暖胃的佳品。

食材选择

主料：秋月梨400克。

辅料：去核红枣5颗，雪莲子10克。

调料：冰糖3克。

主要工艺流程

（1）雪莲子浸泡20分钟待用。

（2）秋月梨去皮改刀为高度5厘米，外径8.5厘米，内径7厘米的圆柱体待用。

（3）把改好刀的秋月梨放入冰糖水中，加入雪莲子，封上保鲜膜入蒸柜蒸制100分钟。

技术关键

（1）在蒸制包保鲜膜时，保鲜膜要用竹签扎3~4个小孔，防止蒸熟后热胀冷缩，保鲜膜把雪梨压坏。

（2）秋月梨一定要选大一点的梨，方便改刀去核，不影响口感。

菜品特色

去燥润肺、软糯微甜。

养生九年百合金笋

营养指南

冬季是一年四季中保养、积蓄的最佳时节。此道菜品选用养肝明目、补脾健胃的胡萝卜和润肺止咳、清心安神的百合为主料，小火压制而成，完美地保留了食物的原汁原味，软糯香甜，色彩靓丽，是一道老少皆宜的冬季养生佳品。

食材选择

主料：金笋（胡萝卜）500克，九年百合100克。

辅料：甜豆5克等。

调料：冰片糖50克等。

技术关键

（1）选料时一定要注意选用的胡萝卜中间不能有绿色夹心或者空心，颜色要红润。

（2）胡萝卜压制好后一定要用竹签检查是否够软糯。

（3）碟子要够热。

菜品特色

软糯甘甜，原汁原味。

主要工艺流程

（1）胡萝卜滚刀去皮，改刀为长6厘米、直径3厘米（粗细均匀）的块，中间不能有绿色夹心，胡萝卜飞水待用。

（2）锅烧热加入色拉油10克，炼香后加入矿泉水450克、味粉4克、盐10克、冰片糖50克，把飞好水的胡萝卜和矿泉水加入压力锅压8~10分钟（根据季节及原料质量控制时间），小火压制，压好后揭盖自然浸泡10分钟入味即可。

（3）用收汁锅取11根压好胡萝卜，加原汤300克、韩国幼砂糖10克，收至汤汁浓厚起胶后出锅。

（4）百合洗净改刀入蒸箱蒸制12分钟至软糯即可。

（5）胡萝卜出锅放入百合上，表面适量点缀青豆即可。

双色脆素肠

营养指南

　　冬季饮食养生讲求"三多三少"，即蛋白质、维生素、纤维素多，碳水化合物、脂肪、盐少，故此菜品选用富含蛋白质的高筋面粉为主料，精心烹制，双色双味，口感独特，是冬季餐桌上的养生佳品。

食材选择

主料：面粉（高筋面粉）750克。

辅料：沙拉酱30克，黄面包糠130克，调制金沙粉75克。

调料：盐2克，味精2克，素卤水500克，皮水50克等。

技术关键

（1）裹面筋时要拉紧，取面筋下来时要将内面翻过来。

（2）炸时油温要控制好。

菜品特色

双色双味、浓郁独特、形态逼真。

主要工艺流程

（1）高筋面粉加水和盐上劲，用清水洗成面筋，稍醒一下，展开，切成条。

（2）长条面筋拉紧后呈螺旋状绑上竹筷，将清水加热，放入面筋，煮至成熟，放入冷水冲凉。

（3）小心取下大肠状面筋，放入烧开的素卤水中泡制。

（4）取出后晾干，一半刷上皮水吹干，一半裹上沙拉酱、金沙粉。

（5）油锅上火，用六成热左右油温烹制至表皮酥脆，装盘即可。

双菇翡翠素鱼肚

营养指南

　　冬季天寒宜多食蛋白质，提高免疫力，此菜品选用富含蛋白质的高筋面粉为主料，辅以营养丰富的高山珍品祁连黄菇、补虚养血的福建红菇，以及具有抗氧化功效的西蓝花，分层制作，色彩丰富，口感层次鲜明，菌香四溢，是冬日养生滋补的创新之品。

食材选择

主料：高筋面粉500克。

辅料：祁连黄菇50克，福建红菇50克，西蓝花25克等。

调料：盐5克，味精5克，菌油2毫升等。

技术关键

（1）和面后要醒一段时间。
（2）发素鱼肚时油温控制要准确。
（3）发双菇的水留用。

主要工艺流程

（1）高筋面粉加水、盐上劲，洗成面筋，醒20分钟左右。

（2）油锅上火约6成热，面筋拉成片状，入油，像发普通鱼肚一样涨发，然后如鱼肚一样清洗，后切成丝，待用。

（3）福建红菇、祁连黄菇用温水涨发，分别洗净切丝，水去沙后保留；西蓝花取头部绿色部分。

（4）菌水烧开，素鱼肚、菇丝、西蓝花分别焯水，净水冲凉，挤干水分。

（5）分别调味，淋入菌油，分层装盘即可。

菜品特色

层次鲜明，以荤代素，菌香十足。

淮安印象

营养指南

　　小雪时节天气寒冷，阳气闭藏，易伤于寒，此时节养生要遵循"养阳御寒"的原则。此道菜品选择了富含功能性多糖和丰富维生素的香菇作为主料，作为一种药食同源的食物，香菇不仅健脾开胃，还美容养颜，是冬日餐桌上的美味佳品。

食材选择

主料：香菇（鲜）100克，茼蒿250克。

辅料：香菜10克，淀粉8克。

调料：油适量、盐1克，生抽2克，老抽2克，姜丝10克。

主要工艺流程

（1）香菇剪成长条形，裹上淀粉炸制定型。

（2）茼蒿加盐焯水焯熟，摆至盘底。

（3）炒好酱汁然后倒入炸好的香菇，裹汁。

（4）把裹汁好的香菇放在茼蒿上面，放上姜丝和香菜。

技术关键

控制好油温，注意勾芡的酱汁。

菜品特色

口味咸香，色泽红润。

素雪冬鸡丁饺

营养指南

　　古语有云"不时不食"，自古以来饮食便求顺应时节，吃时令美食，滋养身心。此道菜品精心选用冬季时令蔬菜冬笋为主料，配以雪菜、面筋制馅，将时令节气特色融入一碟一味，一时一餐，在唇口留香的同时，感受冬季的气息，可谓是天人合一的享受。

食材选择

主料：雪菜100克，冬笋50克，面筋20克。
辅料：面粉250克。
调料：盐1克，味精2克，老抽2克，糖2克，油5克。

主要工艺流程

（1）雪菜、冬笋切丁出水，加入油炸的撕碎面筋，上炉炒制成馅心。
（2）面粉制作成雪花面团，包入馅心，制成盒鱼状，上笼蒸制10分钟即可。

技术关键

（1）面筋只能撕碎成小块，不能切。
（2）面粉用开水烫成雪花状，再加冷水揉成团。

菜品特色

形似金鱼，鲜香可口。

金汤藜麦四喜丸

营养指南

豆腐作为一种具有中国特色的传统食物，不仅营养丰富，而且具有清热润燥、生津止渴、清洁肠胃的功效，此道菜品选用传统的老豆腐为主料，辅以色彩丰富的辅料，制作成丸，色泽靓丽，咸香适口，是冬日餐桌上的佳品。

食材选择

主料：老豆腐500克。

辅料：莴笋100克，胡萝卜100克，香菇10克，鲜橙皮5克，菜胆8颗，藜麦10克，金瓜100克。

调料：盐5克，味精3克。

主要工艺流程

（1）老豆腐去除表皮，用刀压成泥状，放入纱布中沥水，沥水后调味摔打上劲。

（2）莴笋、胡萝卜、香菇、鲜橙皮切丝，飞水后冲凉沥水，拌入豆腐中，搓成豆腐丸，入开水中定型余熟。

（3）藜麦浸泡3小时后蒸熟，金瓜去皮去瓤后蒸熟，打成金瓜蓉。

（4）菜胆飞水后与豆腐丸（四喜丸）排入盛器中。

（5）素汤加入金瓜蓉、藜麦调味打芡，盛入盘中即可。

技术关键

（1）老豆腐沥水要沥透，含水量要少。

（2）豆腐泥要摔打上劲，制成丸子时要保证表面光滑、无裂痕。

菜品特色

色泽靓丽，咸香适口。

烧汁萝卜

营养指南

　　大雪时节，万物潜藏，养身也应顺应自然规律，收敛神气，保持肺气清肃。此道菜品选用润肺止咳、滋补通便的白萝卜作为主料，辅以富含维生素C的黄豆芽，焯水后烧制，不仅顺应了大雪节气的特点，而且营养健康，入口即化，老少皆宜，为冬日餐桌增添一丝温润。

食材选择

主料：白萝卜（象牙白萝卜）1000克。

辅料：黄豆芽200克。

调料：盐5克，味精3克，糖10克，和味烧汁10克，味极鲜5克等。

技术关键

（1）白萝卜焯水要焯透后迅速放入冷水里浸泡。

（2）烧时不要翻动，防止破损。

主要工艺流程

（1）白萝卜去皮切成厚片，焯水后用冷水浸泡备用。

（2）黄豆芽洗净加入矿泉水1000克烧开，改小火炖2小时后过滤留汤。

（3）把白萝卜放入黄豆芽汤里，加入调料烧开，小火炆30分钟后收汁。

菜品特色

白萝卜如玛瑙透明，入口即化。